烧结气化脱磷理论与实践

Theory and Practice of Gasificating Dephosphorization in Sintering Process

张 伟　邢宏伟　田铁磊　王 辉　著

北 京
冶金工业出版社
2016

内 容 提 要

本书是作者及其课题组近年来在高磷铁矿资源造块领域理论研究与实践成果的总结，主要内容包括：国内外铁矿资源利用现状、高磷铁矿石、高磷钢渣的基础性能、气化脱磷热力学、气化脱磷动力学、脱磷剂对脱磷率的影响、影响气化脱磷的工艺条件、其他气化脱磷方法研究。本书的研究成果对烧结气化脱磷剂开发、促进高磷铁矿石开发和高磷钢渣再利用具有重要的参考意义。

本书可作为铁矿粉造块领域研究人员、技术人员和管理决策人员的重要参考书，也可作为高等院校相关专业研究生、本科生的教学参考书，还可作为从事烧结添加剂、脱磷剂开发的科研院所和企业技术人员的参考资料。

图书在版编目（CIP）数据

烧结气化脱磷理论与实践/张伟等著. —北京：冶金工业出版社，2016.5
　ISBN 978-7-5024-7267-2

　Ⅰ.①烧…　Ⅱ.①张…　Ⅲ.①炼铁—烧结—脱磷—研究
Ⅳ.①TF5

中国版本图书馆 CIP 数据核字（2016）第 149722 号

出 版 人　谭学余
地　　址　北京市东城区嵩祝院北巷 39 号　邮编　100009　电话　(010)64027926
网　　址　www.cnmip.com.cn　电子信箱　yjcbs@cnmip.com.cn
责任编辑　刘小峰　李维科　美术编辑　吕欣童　版式设计　吕欣童
责任校对　李　娜　责任印制　牛晓波
ISBN 978-7-5024-7267-2
冶金工业出版社出版发行；各地新华书店经销；固安华明印业有限公司印刷
2016 年 5 月第 1 版，2016 年 5 月第 1 次印刷
169mm×239mm；9.25 印张；182 千字；138 页
39.00 元

冶金工业出版社　投稿电话　(010)64027932　投稿信箱　tougao@cnmip.com.cn
冶金工业出版社营销中心　电话　(010)64044283　传真　(010)64027893
冶金书店　地址　北京市东四西大街46号(100010)　电话　(010)65289081(兼传真)
冶金工业出版社天猫旗舰店　yjgycbs.tmall.com

（本书如有印装质量问题，本社营销中心负责退换）

前 言

随着我国经济的发展，粗钢产量急剧上升，2014 年和 2015 年我国粗钢产量均超过 8 亿吨，是全球最大的钢铁生产国和钢材出口国，钢产量、出口量在全球均占有举足轻重的地位。我国钢产量提高的同时，对铁矿石的消耗也不断增加，由于我国优质铁矿资源较少，铁矿石品位较低，导致铁矿石进口依存度高。据统计，2014 年全球铁矿石贸易量的 74% 主要源于我国进口，占铁矿石需求总量的 78.5%。为进一步降低生产成本，应在源头方面进一步压缩矿石的成本，因而开发利用价格较低、杂质含量较高及高储存量的复合共生铁矿石已成为提高企业竞争力、解决我国钢铁企业过度依赖于进口矿问题的当务之急。

高磷鲕状赤铁矿的储量约占我国铁矿资源储量的 1/9，平均铁品位超过 40%，是比较理想的高品位铁矿资源，但由于磷含量较高、结构复杂而难以大规模直接应用于烧结生产。我国的高磷鲕状赤铁矿包括"宣龙式"和"宁乡式"两种类型。"宁乡式"赤铁矿广泛分布在湘、鄂、赣、川、滇、黔、桂诸省区以及甘南地区，已探明储量达 37.2 亿吨，占全国沉积铁矿探明储量的 73.5%，常常与石英、黏土等脉石矿物以胶结物形式共生，常呈现鲕状结构。"宣龙式"鲕状赤铁矿主要分布在河北宣化一带，以赤铁矿、菱铁矿和褐铁矿为主，脉石矿物主要为石英和绿泥石等，以鲕状或豆状结构存在。高磷鲕状赤铁矿的磷含量普遍高于 1%，有的甚至高于 3%，超过钢铁工业铁矿石含磷量的标准。

鲕状结构的赤铁矿目前被认为是国内外最难选的铁矿石类型，其独特的矿物结构需进行超细磨处理才能进行选取，而目前的磁选与浮选设备却难以有效回收超细磨处理后 $10\mu m$ 以下的微细铁矿物，因此通过强磁选、弱磁选、重选和浮选工艺很难获得满意的指标，且经选矿处理后的精矿粉的磷含量仍比较高，不能作为烧结矿或球团矿的原料，因此该类型铁矿石资源基本未被开发利用。但由于我国可开采利用的铁矿石资源连年减少，为了降低对进口矿石的依赖度，提高我国对国际铁矿石定价的话语权，因此对高磷赤铁矿的研究与利用日益引起关注。

在钢铁企业炼钢过程中产生的钢渣经过多次厂内循环烧结利用后导致磷含量过高，而无法在厂内消化利用，因此高磷钢渣如何进一步在烧结生产中有效利用已成为目前诸多钢铁企业关注的技术难题。

本书是作者及课题组成员对高磷铁矿石和高磷钢渣用于铁矿粉造块理论研究和实践的成果总结。课题组成员通过大量的实验室实验和热力学与动力学计算等理论研究，开发了烧结脱磷剂和高磷铁矿烧结脱磷的技术，为烧结生产使用较高磷含量的铁矿资源、降低选矿药剂消耗和减少二次处理造成的环境污染提供了基础和理论支撑。本书主要内容涉及高磷铁矿石及高磷钢渣的基础性能、气化脱磷热力学与动力学、烧结脱磷剂开发与影响气化脱磷的工艺条件、小球烧结气化脱磷技术、含碳球团气化脱磷技术及微波气化脱磷技术等理论和实验研究成果。

本书各章节的主要内容如下：

第1章重点介绍了我国钢铁行业工业现状、国内外铁矿石的资源分布现状、国内外高磷矿及高磷钢渣研究现状、高磷矿脱磷研究现状、钢渣脱磷研究现状等内容。

第2章主要包括高磷铁矿石的物相组成及显微结构、比表面积和孔结构、烧结基础特性、差热-热重性能、烧结性能，以及高磷钢渣的理化性能、烧结性能等内容。

第3章主要包括碳热还原气化脱磷热力学、脱磷剂种类选择及热力学分析、气化脱磷优势区图、气化脱磷率的计算等内容。

第4章主要包括气化脱磷的动力学理论基础、动力学实验、实验结果分析与计算等内容。

第5章重点研究了单一及复合脱磷剂对气化脱磷率的影响规律。单一脱磷剂影响包括含碳原料及配碳量的影响、$CaCl_2$ 的影响；复合脱磷剂影响包括 $CaCl_2$ 与 MO 配比的影响、$C_6H_{12}O_6$ 与 $CaCl_2$ 配比的影响、SiC 与 Na_2CO_3 配比的影响、SiC 与 Na_2SO_4 配比的影响等内容。

第6章主要研究了影响高磷赤铁矿气化脱磷的关键因素，如配碳量、碱度、矿石粒度、温度等；影响高磷钢渣气化脱磷的关键因素，如配碳量、碱度、磷含量、温度等。

第7章主要介绍了小球烧结气化脱磷技术、含碳球团气化脱磷技术、微波烧结气化脱磷技术等有关研究内容。

以上研究得到了国家自然科学基金（51274081）、教育部重点项目基金（210019）、河北省科技厅计划（10215615D）、河北省自然科学-钢铁联合基金（E2011209045）、河北省人才工程培养经费（冀人社函[2013]141号，2013-4）等多项课题的资助，并与企业合作开展了部分工业试验，取得了令人满意的效果。通过本书相关课题研究培养研究生6人，发表学术研究论文近20篇。

参与本书撰写的主要作者是河北省"巨人计划"创新团队的骨干成员，长期从事冶金节能与资源综合利用、炼铁及原料预处理等方面的研究工作。近年来先后承担本领域的国家科技支撑计划重点项目、"973"前期专项、国家自然科学基金、教育部重点计划、河北省科技厅计划和企业委托课题多项；有关成果先后获国家科技进步二等奖1项，河北省科技进步一等奖1项、三等奖1项，河北省冶金行业科技进步一等奖1项、三等奖1项，河北省优秀教学成果一等奖1项。

参与本书编写工作的还有刘卫星老师、李东亮博士、刘帆、付俊凯、王晓远、刘振超、杨文康等。在课题和实验研究过程中，张玉柱教授、李运刚教授、李杰博士、杨爱民博士等给予了无私帮助和指导。值本书出版之际，作者仅向多年来为本课题组作出重要贡献，并在课题和实验过程中给予帮助和指导、在本书完成过程中参与讨论和修改，从而使本书内容得以进一步丰富和完善的合作伙伴和有关人员，一并致以深深的谢意！

由于作者水平所限，书中疏漏之处恳请读者批评指正。

作　者

2016 年 3 月于华北理工大学

目　录

1 国内外铁矿资源利用现状

1.1 我国钢铁行业工业现状

1.1.1 我国钢铁工业的发展

随着我国经济的发展，粗钢产量急剧上升，自 1996 年突破 1 亿吨以来迅猛增长，至 2009 年已连续 14 年位居世界首位，到 2008 年粗钢产量已达到 5 亿吨[1]，并且还呈现逐年增加的趋势；2014 年中国粗钢产量已突破 8 亿吨，约为 8.2 亿吨；但 2015 年全国粗钢产量略有下降，约 8.0 亿吨，同比下降 2.3%。尽管如此，我国仍是全球最大的钢铁生产国和钢材出口国，钢产量、出口量在全球均占有举足轻重的地位。图 1-1 描绘了近 12 年来中国生铁、粗钢和钢材的年产量变化趋势。

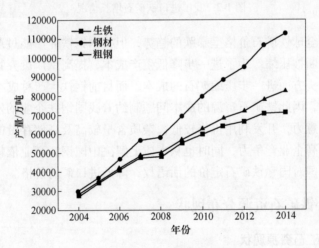

图 1-1 中国生铁、粗钢和钢材年产量

1.1.2 我国钢铁行业的困境

我国的钢产量逐年提高，对铁矿石的消耗也不断增加，我国矿石资源丰富，但优质铁矿资源较少，国内铁矿石品位较低，无法完全供给我国钢铁企业。目前我国优质铁矿石主要依靠进口，据统计，2014 年全球铁矿石贸易量的 74% 主要源于我国进口，占铁矿石需求总量的 78.5%。2000~2014 年我国进口铁矿石的数量如图 1-2 所示。从图 1-2 可以看出，2014 年我国铁矿石进口量是 2000 年的 13.3 倍左右。我国铁矿石进口量的最新数据显示，2013 年累计铁矿石进口总量为 8.2 亿吨，比 2012 年的 7.44 亿吨同比增长了 9.2%；2014 年进口总量为 9.32 亿吨，相比 2013 年增长 1.12 亿吨，增长率为 13.6%。

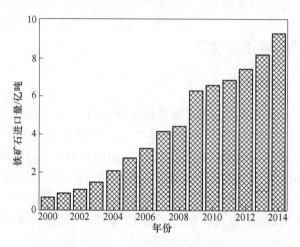

图 1-2 我国进口铁矿石增长情况

近年来，全球铁矿石价格呈暴跌的趋势，但我国钢铁业产能过剩，导致企业的利润空间不断被压缩。为了进一步降低生产成本，提高钢厂废弃物内部循环的同时，应在源头方面进一步压缩矿石的成本，而目前钢铁生产总成本的 50% 用来购买进口铁矿，因此铁矿石资源的成本问题制约着我国钢铁企业的发展，应转移钢铁企业的注意力，开发利用价格较低、杂质含量较高及高储存量的复合共生铁矿石，从而提高企业竞争力，同时也从本质上解决中国钢铁企业依赖于进口矿的格局，提高我国对国际铁矿石定价的话语权，降低进口矿的价格。

1.2 国内外铁矿石资源分布现状

1.2.1 世界铁矿石资源现状

世界上铁矿石主要分布在巴西、俄罗斯、乌克兰、澳大利亚、中国和印度等地，这六个国家铁矿石储存量约占世界矿石总量的 74.8%[2]，尽管我国铁矿石储量位居世界前列，约占世界总储量 13%，但我国铁矿石品位较差，其平均品位为 33%，其中品位大于 50% 的富矿所占比例小于 5%[3]，而澳大利亚和巴西的铁矿石品位较高，均在 50% 以上。部分国家铁矿石的储量和基础储量与国内外部分地区铁矿石的化学成分分别列于表 1-1 和表 1-2。

表1-1 世界部分国家矿石储量和基础储量 （亿吨）

国家（地区）	铁 矿 石		金 属 铁	
	储量	基础储量	储量	基础储量
乌克兰	300	680	90	200
俄罗斯	250	560	140	310
中国	210	460	70	150
澳大利亚	160	450	100	280
巴西	160	270	89	140
印度	66	98	42	62
南非	10	23	6.5	15

表1-2 国内外部分地区铁矿石化学成分 （%）

产 地	TFe	SiO_2	CaO	Al_2O_3	MgO	P	S
澳大利亚（哈默斯利）	64	3.75	0.1	2.1	0.063	0.062	0.035
澳大利亚（纽曼山）	64	3.7	0.06	1.95	0.1	0.07	0.015
澳大利亚（杨迪）	58.33	4.92	0.11	1.15	0.15	0.036	0.01
巴西（里奥多西）	65.7	4.12	0.05	0.84	0.06	0.03	0.007
巴西（MBR）	67.7	1.38	0.076	0.75	0.06	0.05	0.015
南非（伊斯科）	65	4	0.1	1.35	0.04	0.06	0.01
南非（阿苏曼）	64.6	4.26	0.04	1.91	0.035	0.035	0.011
印度（果阿）	62.4	2.96	0.05	2.02	0.1	0.035	0.004
本溪（南芬）	33.63	46.36	0.576	1.425	1.593	0.056	0.073
攀枝花（钒钛磁铁矿）	47.14	5.00	1.77	4.98	5.49	0.009	0.75

从表1-1可以看出，世界金属铁储量以俄罗斯最多，其次为澳大利亚、乌克兰、巴西，中国居世界第五位。但从表1-2矿石品位可以看出，作为中国目前几个较大铁矿床之一的本溪矿铁品位低、脉石含量高，而钒钛磁铁矿也具有同样的问题。因此，中国虽然铁矿石储量大，但大多数为贫矿，富矿较少，铁品位低，脉石含量较高[4]。

目前，从国内铁矿资源来看，我国铁矿矿床绝大部分为贫矿，富铁矿石查明资源储量仅占全部铁矿查明资源储量的1.6%。同时我国也广泛分布着相当一部分低品位、复合共生的高磷铁矿矿床，储量丰富，已探明的资源量近百亿吨，其中鄂西地区的储量就高达40亿吨，其主要分布在湖北的宜昌、恩施及云南的武定等地区。

如能有效利用这些高磷铁矿资源，就能进一步提高钢铁企业的利润空间，降低对进口矿石的依度，提高我国对国际铁矿石定价的话语权。高磷铁矿石中磷元素含量过高，是制约其在钢铁行业中大规模应用的瓶颈。

1.2.2 我国钢铁企业铁矿石供应现状

近年来，随着我国经济的快速发展，钢铁产品的需求量也连年上升，带动了我国钢铁企业的崛起。但受金融危机影响，钢铁企业效益一直处在微利或亏损状态，经营非常困难，利润水平始终处于工业行业最低水平。有关专家认为，导致钢铁企业出现这种局面的最主要原因之一是我国钢铁产能过剩，尽管进口铁矿石价格大幅降低，但其仍比复合共生铁矿石的价格高，因此应提高复合共生铁矿石的使用量。国内复合共生铁矿石储量大，但矿石类型复杂，硫、磷、碱金属等有害组分高，且铁矿石品位低，仅为33%左右。2006~2014年我国铁矿石自产及进口量和对外依存度数据统计见表1-3。

表1-3 2006~2014年我国铁矿石自产及进口量和对外依存度数据统计

年 份	2006	2007	2008	2009	2010	2011	2012	2013	2014
国内矿石产量/万吨	58800	70700	87200	80000	107200	132700	133000	143800	107155
进口量/万吨	32630	38309	44356	62778	61865	68608	73869	80400	93200
对外依存度/%	52.6	52.0	52.2	68.8	62.5	62.7	63.9	66.7	78.5

由表1-3可以看出，2006年，国内自产铁矿石总量为58800万吨，钢铁企业快速发展，矿石需求量也快速上升，到2014年，我国自产铁矿石总量达到了107155万吨，尽管相比于2013年自产铁矿石总量有所下降，但矿石进口量是逐年上升，说明钢铁企业只能靠进口铁矿石来保障钢铁生产线的正常运转。2006年我国进口矿石总量为32630万吨，到2014年猛增至93200万吨，是2006年的2.8倍；近10年来，我国铁矿石的对外依存度一直超过50%，2014年我国铁矿石对外依存度为80%左右，且有上升趋势，严重威胁了我国矿产资源安全。

世界各国高品位铁矿石供不应求，导致其价格也水涨船高。2006~2014年进口铁矿石价格统计如图1-3所示。

从图1-3可以看出，2006年我国进口铁矿石价格为60美元/t，2011年以后进口铁矿石价格虽然有所降低，但一直保持在100美元/t以上，处于较高价格水平，直逼中国钢铁企业承受的上限。进口铁矿石价格的上涨，直接导致钢铁行业整体利润水平下降，许多国内钢铁企业为降低成本，开始转移注意力，加大国内复合共生矿的开发和利用。

1.2.3 我国复合共生矿及冶金再生资源利用现状

我国铁矿石资源丰富，分布广泛，全国已探明铁矿产地有2034处，保有储

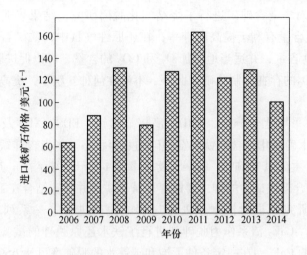

图 1-3 近年来我国进口铁矿石价格

量 578.72 亿吨。矿石种类较多，但其品位较低，平均铁品位仅为 33% 左右，95% 以上的已开采矿需进行选矿富集，精矿粉造块后才能送高炉冶炼。我国铁矿石矿床类型多、矿石类型复杂，主要为多组分的共（伴）生型铁矿石，其储量约占总储的三分之一。目前我国面临外矿依存度过高的问题，我国"十一五"规划针对该问题提出了积极利用低品位、复杂难选铁矿资源的方针政策。贫富难选铁矿石的开发可以很好的补充和丰富我国的铁矿资源，减轻我国铁矿石资源短缺的压力。

1.2.3.1 含砷铁矿利用现状

随着钢铁工业的迅速发展，我国铁矿石资源日趋紧张，一些复杂铁矿资源正在被大力开发利用[5]。我国储藏了大量的含砷铁矿，据统计，单独砷矿产地仅 23 处，合计储量 36.2 万吨，占全国总储量的 12.9%；共生、伴生砷矿产地 61 处，储量 243.6 万吨，占总量的 87.1%；目前已探明的含砷铁矿储量达 18.8 亿吨[6]。但砷作为钢材中的有害元素，对钢材性能可造成一系列不良影响[7]。

近年来，研究人员采用焙烧和烧结等工艺对矿石预处理脱砷进行了研究。焙烧作为处理高砷矿石最常见的方法，具有设备简单、操作方便、生产效率高等特点，已被大量运用于工业实践，并取得了较好的效果。刘景槐等[8]使用回转窑焙烧高砷铜精矿，在温度 600~700℃、转速 5~8r/min、负压 9.81~29.43Pa 的工艺条件下，脱砷率超过 92%。

周赛平等[9]采用温度分别为 550~600℃、600~650℃ 的两段式焙烧工艺，并添加石灰作为固砷剂避免环境污染，固砷率高达 99%，氰化浸出率提高 40% 以上。

吕庆等[6]对华南含砷矿进行了烧结气化脱磷研究，结果表明，在惰性气氛中，增加 Ar 气含量有利于提高脱砷率；在还原性气氛中，铁矿石脱砷体系气氛需要适宜的 CO 含量，并适当地增加 O_2 和 CO_2 的含量，可以促进脱砷，但当 CO 含量较低时，O_2 的存在抑制脱砷。此外，不论在何种气氛中，提高温度均有利于脱砷。

吕庆等[10]采用化学分析、XRD、高倍显微镜、EDS、XPS 及原子吸收光谱分析等测试技术确定华南含砷铁矿石中砷的赋存状态。华南含砷铁矿石主要以磁铁矿和脉石为主，其中砷以 FeAsS 及少量 As_2S_3 形式存在，其质量分数为 0.282%。华南含砷铁矿中的砷主要赋存于黄铁矿中并和硫结合在一起。

近年来，研究人员对铁水预处理过程的脱砷进行了一系列研究。朱元凯等[11]采用 CaC_2-CaF_2 渣系作为脱砷剂进行了铁水还原脱砷的试验研究，结果表明，添加适量的 CaF_2，在一定条件下饱和碳铁水的脱砷率可达 65%~80%。付兵等[12]同样研究了 CaC_2-CaF_2 渣系的脱砷行为，研究表明，较高的铁水温度和良好的熔池搅拌有利于获得更好的脱砷效果，而铁水中的硫会对 CaC_2 脱砷产生较大的不利影响。在该试验条件下，CaC_2 脱砷为固液反应，其限制性环节为砷通过铁水一侧的边界层向 CaC_2 颗粒表面的扩散。刘守平等[13]对钢液和铁水硅钙合金脱砷进行了研究，研究表明，硅钙合金对铁液脱砷的产物是 Ca_3As_2。

1.2.3.2　含锌铁矿及除尘灰利用现状

含锌氧化物由于其还原温度低、液态锌的沸点低，几乎不能被渣铁吸收，很容易在高炉内以及烧结-炼铁系统之间形成循环富集，锌对炉衬耐火材料的直接侵蚀导致其体积膨胀，从而使炉壳承压增大、开裂，锌在高炉中上部富集结瘤会影响高炉顺行，锌在风口处的沉积还会造成风口上翘，这些都会对高炉生产、炉顶设备及炉体寿命产生不良影响，形成所谓的锌危害。高炉中锌含量主要来源于原燃料中锌含量，因此应减少高炉原料中的锌含量是降低锌入炉的最直接和最有效的途径[14]。目前，烧结矿中的锌含量较高，一方面原因是高炉除尘灰用于烧结生产，而除尘灰中锌含量较高，造成烧结矿中锌负荷高；另一方面原因是烧结所用原矿中锌含量较高。

铁矿石中锌的主要矿物是闪锌矿（ZnS）和红锌矿（ZnO）。锌的氧化物在烧结料中形成盐类，在低配碳条件下（配碳 3%~6%）很难还原，故锌在一般烧结过程中很难去除，因为它不能生成挥发性物质气态锌。在高配碳条件下可以脱除少量锌。提高配碳量和碱度都对脱锌有利[15]。一般我们认为，若不添加某些氯化物，普通烧结过程要达到 50%~60% 的脱锌率是不可能的。但在烧结料中加入氯化物（如 2%~3%$CaCl_2$）后，将发生下列反应：

$$ZnS + CaCl_2 = CaS + ZnCl_2 \qquad (1\text{-}1)$$

王贤君等[16]通过提高配碳量和添加 $CaCl_2$ 试剂研究了铁矿石脱锌，结果表明，提高配碳量对烧结脱锌效果不明显，但是配加 $CaCl_2$ 试剂后，对脱锌有一定效果，在加入 0.3% $CaCl_2$ 时，脱锌率可达 20% 以上。

惠志林等[17]研究了用回转窑处理高炉瓦斯泥回收锌，结果表明，在 5g 瓦斯泥中配入 20% 的焦粉，5% 的石灰，在焙烧温度 1323K、焙烧时间 30min 条件下，瓦斯泥中锌的挥发率达 94%。中试结果显示，在球团粒径小于 5mm、碱度为 2~3、窑头焙烧温度 1323~1473K、窑转速 0.7r/min 的条件下，瓦斯泥脱锌是可行的，锌挥发率可达 89%，回收率在 70% 以上。

张延玲等[18]采用 XRD 对高炉粉尘中锌元素赋存状态进行了研究，并分析了还原时间及温度对脱锌率的影响，结果表明，在温度为 980℃、还原时间为 4h 的条件下，高炉粉尘的还原状况较好，且平均脱锌率为 94.04%。

1.2.3.3 白云鄂博矿利用现状

白云鄂博矿区是个含铁品位较低的矿区，白云鄂博矿中全铁含量只有百分之三十左右，目前探明铁矿石储量 14.4 亿吨，形成主矿、东矿、西矿、东介勒格勒、东部接触带（含铌资源）5 个工业矿床，全区矿化范围达 48 平方公里。对于冶金领域而言，白云鄂博铁矿中含有大量的氟、钾和钠等有害的元素，这就限制了对于白云鄂博矿的利用，烧结生产表明，在烧结过程当中，氟、钾和钠相互作用，使得生产出来的球团矿还原膨胀率大、强度低，烧结矿黏结相强度低，球团矿和烧结矿熔融区间宽等。

白云鄂博矿因其有害元素含量较高，其铁精矿中的氟主要以萤石（CaF_2）形态存在，钾主要以钾长石（$KAlSi_3O_8$）形态存在，而钠主要以钠辉石（$NaFeSi_2O_6$）形式存在[19]。在烧结过程中，铁矿石中将近有 89% 的钾、99% 的钠基本上都进入烧结矿中，即普通的烧结工序气化脱除碱金属效率基本为零，目前比较常规的方法，就是使用 $CaCl_2$ 进行氯化脱碱。

1.2.3.4 含硫铁矿利用现状

铁矿石是钢铁冶炼最主要的原料来源。铁矿石的质量对钢铁产品的质量有着直接的影响，硫作为铁矿石中的一种常见杂质，也是钢铁中要尽量避免的一种有害元素。硫含量主要对后期炼钢工艺有一定的影响，会直接导致钢铁的质量下降，硫含量偏高会造成钢的热脆现象。因此钢铁冶炼厂对铁矿石中的硫含量有着严格的要求。

我国含硫铁矿主要分布在江苏、湖北、安徽、云南、新疆等地，但因其中硫含量较高，而无法大量用于钢铁生产，否则会加重炼钢工艺的脱硫负担，造成钢产品的热脆性。因此，为让这些铁矿石资源得到充分的利用，必须进行铁矿脱硫处理。目前国内外都没有成熟的选矿工艺，但浮选药剂能较好地实现磁黄铁矿与磁铁矿分离。因此，铁精矿降硫的工艺研究具有十分重大的意义和很好的发展前景[20]。

铁矿中的硫一般都是以硫化物的形式存在，而它的脱除方式主要是在高温下进行氧化焙烧，使含硫矿物中硫元素转变成 SO_2 进入大气，通过该方法能脱去矿石中95%的硫，但大量 SO_2 排入大气中，将会污染大气，这也是酸雨形成的主要方式之一，严重危害农作物的生长。因此，林洪民[21]提出在焙烧流程中加入制酸工艺，变废为宝，不仅减少了 SO_2 对大气的污染，而且生产出副产品硫酸。

王雪松等[22]用回转窑对硫铁矿烧渣进行磁化焙烧试验，有效地将烧渣中弱磁性 FeO 氧化成强磁性 Fe_3O_4，磁化率可达2.38%。通过球磨、磁选工艺，可以大幅度地提高精矿品位和金属回收率。烧渣在回转窑内脱硫效果明显，脱硫率可高达85%以上。

王昌良等[23]对某含铁61.41%、含硫4.41%的磁选精矿进行焙烧，在800℃以上氧化焙烧0.5~1h，可使硫含量降至0.5%以下。

余俊、葛英勇[24]针对西部铜业巴彦淖尔铁矿高硫、高硅铁矿物的特征，制订了焙烧方案与焙烧条件，在800℃的条件下，将含铁31.58%、含硫2.68%的铁矿物进行焙烧，得到了铁品位58.27%、含硫0.43%的铁精矿。

刘占华等[25]针对经浮选流程产生的 TFe 含量为17.75%、硫含量为5.87%的高硫铁尾矿采用磁选—直接还原焙烧联合工艺方法，获得 TFe 品位93.57%、硫含量0.39%。

氧化焙烧过程中铁基本没有损失，但焙烧过程中产生大量二氧化硫气体，对环境造成很大污染，且成本较高，因此该方法有待进一步研究。

1.2.3.5 高磷铁矿及高磷钢渣利用现状

我国另外一种储量较大、品位较高的高磷赤铁矿由于磷含量较高而无法大规模利用。我国的高磷赤铁矿多为鲕状结构，包括"宣龙式"和"宁乡式"两种类型。"宣龙式"赤铁矿主要分布在河北宣化一带，以赤铁矿、菱铁矿和褐铁矿为主，脉石矿物主要为石英和绿泥石等，而含磷矿物以鲕状或豆状结构存在；"宁乡式"赤铁矿广泛分布在湘、鄂、赣、川、滇、黔、桂诸省区以及甘南地区，已探明储量达37.2亿吨（含表外储量），占全国沉积铁矿探明储量的73.5%，常与石英、黏土等脉石矿物以胶结物形式共生，常呈现鲕状结构[26]。

赤铁矿是高炉炼铁重要的原料，在自然界的分布广泛，其中18%的赤铁矿是高磷鲕状赤铁矿，占我国铁矿资源储量约1/9，平均铁品位超过40%，是比较理想的高品位铁矿资源。鲕状赤铁矿主要是赤铁矿与磷矿物呈鲕状结构存在，嵌布粒度极细，主要矿物经常与菱铁矿、鲕绿泥石或胶磷矿共生，胶磷矿和鲕绿泥石是主要的含磷矿物，磷含量普遍高于1%，有的甚至高于3%，超过钢铁工业对铁矿石中含磷量的标准。鲕状结构的赤铁矿目前被认为是国内外最难选的铁矿石类型，其独特的矿物结构需进行超细磨处理才能进行选取，而目前的磁选与浮选设备却难以有效回收超细磨处理后 $10\mu m$ 以下的微细铁矿物，因此通过强磁选、弱磁选、重选和浮选工艺很难获得满意的指标，且经选矿处理后的精矿粉的磷含量仍比较高，通常不能直接作为烧结矿或球团的原料使用，因此该类型铁矿石资源基本未被开发利用。但随着我国可开采利用的铁矿石连年减少，以及为了降低对进口矿石的依赖度，来提高我国对国际铁矿石定价的话语权，对高磷赤铁矿的研究与利用已凸显重要性和紧迫性。

据统计和预测，截至 2011 年底，我国未查明的铁矿资源储量远大于 1000 亿吨，已探明的大中型矿山中近期内可以被开发利用的资源有 200 亿吨左右，其中复合共生矿储量约占总量的 1/3，典型矿床有白云鄂博铁矿和高磷鲕状赤铁矿等，但因共生组分复杂，难以选冶。"宁乡式"高磷鲕状赤铁矿含磷高，结构复杂，尚未得到有效开发利用，属于"呆滞"矿产资源。

鲕状赤铁矿中金属矿物（赤铁矿、褐铁矿、菱铁矿）与脉石矿物（石英、绿泥石、方解石、磷灰石）构成共生关系极为密切复杂的鲕粒，它的显著特点是有用矿物和脉石共生且构成同心层状鲕状结构，嵌布粒度细，难以单体解离；与鲕状铁粒致密连生的有害杂质磷矿物含量特别高，对后面的工艺流程（转炉冶炼）影响较大。

在钢铁企业炼钢过程中产生的钢渣经过多次厂内循环烧结利用后导致磷含量过高，无法在厂内消化利用，因此高磷钢渣如何进一步在烧结生产中有效利用已成为目前诸多钢铁企业关注的技术难题。通常，钢渣主要用作道路材料、回填材料、钢渣水泥、烧结原料，而在烧结过程中配加量较低，一般不超过 3%。截至目前，国内外对钢渣的利用主要有以下几种方式：

（1）返回烧结。钢渣返烧结主要是利用钢渣中的残钢、氧化铁、氧化镁、氧化钙、氧化锰等有益成分，而且可以作为烧结矿的增强剂，以提高烧结矿的产量。因为它本身是熟料，含有一定数量的铁酸钙，对烧结矿的强度有一定的改善作用，另外转炉渣中的钙、镁均以固溶体形式存在，代替熔剂后可降低熔剂（石灰石、白云石、菱镁石）消耗，使烧结过程碳酸盐分解热减少，降低烧结固体燃料消耗。

（2）作为回填材料。钢渣碎石的硬度和颗粒形状都很适合回填材料的要求，其性能好、强度高、自然级配好，是良好的筑路回填材料。钢渣在铁路和公路路基、工程回填、修筑堤坝、填海造地等工程中使用，国内外已有相当广泛的实践，欧美各国钢渣约有 60%用于道路工程。

（3）在水泥方面的应用。由于钢渣中含有和水泥相类似的硅酸二钙、硅酸一钙及铁酸钙等活性矿物，具有水硬胶凝性，把它与一定量的高炉水渣、烧石膏、煅烧水泥熟料及少量激发剂配合球磨，可以生产钢渣矿渣水泥，然后再配上

200 号和 400 号混凝土，可用于民用建筑的梁、板、楼梯、砌块等方面；也可用于工业建筑的设备基础、吊车梁等。针对高磷钢渣粉在普通混凝土中的应用研究，柳东等将高磷钢渣微粉分别取代水泥、矿粉及与矿粉、粉煤灰复合掺加，研究高磷钢渣微粉作为混凝土掺和料使用时对混凝土性能的影响规律，发现适量高磷钢渣微粉可通过减小孔隙率及改善孔径分布而对混凝土起到填充密实的作用，提高混凝土 7d 和 28d 强度；并就混凝土强度而言，分别确定了高磷钢渣取代其他原料的适宜掺量。

（4）钢渣在道路工程中的应用。作为道路用集料，钢渣具有良好的物理特性；而作为路用混合料，钢渣沥青混合料同样具有优良的路用性能，完全可以适用于中国的公路建设事业，并且已成为钢渣处理的一个重要的突破口。试验使用结果表明，钢渣沥青混凝土具有良好的热稳定性、水稳定性和抗滑性能，对提高中国沥青路面的耐久性和降低工程造价具有极为重要的意义。将钢渣制作成为用于沥青混凝土的骨料，以代替石质骨料，提高了钢渣再生利用的经济价值，可节省自然资源（石材），为钢渣制备优质沥青混凝土耐磨集料开辟了道路。

（5）其他用途。钢渣中含有较高的钙、镁、磷等有价元素，可作为酸性土壤改良剂；转炉渣中磷具有良好的枸溶性，可制备缓释性钢渣磷肥；粉碎后的钢渣对废水中的重金属离子、酸、盐等物质具有吸附和化学沉淀作用，可用于污水处理；此外，钢渣还可用于制备钢渣微晶玻璃和钢渣复合材料等。

由于钢渣具有良好烧结性能，因此，钢渣用作烧结熔剂是目前最为成熟的炼钢渣冶金二次利用方式，已被我国和世界各钢厂广泛采用[27]。烧结矿中配加钢渣代替熔剂，不仅回收利用了钢渣中残钢、FeO、CaO、MgO、MnO 等有益成分，而且由于高温熔炼后炼钢渣的软化温度低、物相均匀的特点，对提高烧结矿质量、降低烧结燃料消耗也起着有益作用。

我国首钢、马钢、重钢、太钢、济钢、湘钢、武钢、唐钢等均利用钢渣作为烧结矿熔剂。首钢烧结厂配加钢渣 4%，每吨烧结矿石灰消耗量减少约 30kg，烧结机利用系数可提高 1%。邯钢烧结厂配加钢渣 6%，使烧结矿强度提高，粉化率降低至 2%以内，还原度提高达 10%，不配加时仅有 65%，烧结矿的配碳量降低 0.5%~1.0%。

鞍钢在 265m² 烧结机进行过相关工业试验，采用钢渣替代部分熔剂进行配料，配 6%钢渣后的烧结矿质量（如还原度、转鼓强度）、燃耗和成品率等指标均有一定程度的改善，软熔区间降低了 5℃，减小了高炉软熔带的宽度，改善了高炉的透气性，有利于高炉的顺行。

梅山钢铁集团公司采用在烧结原料中配加转炉钢渣 1.0%~2.0%后，取得烧结原料成本下降 3.1 元/t 的效果[28]。

莱钢在烧结生产中，配加 5%的钢渣粉，可有效地降低固体燃耗，提高烧结生产成品率，并且保证了低温烧结时烧结矿具有较好的强度，节约了成本[29]。

目前马钢混匀烧结矿中只加入1%左右，而且是间断式配加；梅山烧结生产中钢渣配加量为1.5%[28]；济钢水淬钢渣直接作为烧结熔剂，送原料厂参加混匀，配加量根据混匀料的品位及含磷量确定，一般品位高、含磷低的混匀料最高可配加3%~5%的钢渣[30]；宝钢烧结矿中的钢渣配比为1.2%左右，使用量稳定在15万吨/年以上[31]；昆钢目前有3%的钢渣用于烧结矿配料[32]；鞍钢的钢渣经破碎后送入钢渣加工中心进行磁选，磁选后的精矿粉送烧结厂重新烧结利用。

通常，钢水中的磷含量一般要求控制在0.04%以下，而一些特殊钢种要求磷含量控制在0.02%以下，因而必须对铁水的磷含量进行严格限制。唐钢目前要求铁水的磷含量控制在0.02%，而钢水的磷含量则控制在0.018%，其钢渣磷含量目前已经达到2.5%~2.6%（FeO含量为18%~24%），而且有时会高达3.1%，因此烧结生产长期配加这种高磷含量的钢渣很容易导致铁水的磷含量失去控制。

磷含量过高是烧结中配加钢渣值得注意的问题。钢渣用作烧结熔剂会使烧结矿含磷量增加，而高炉不具备脱磷能力，铁矿石和钢渣的磷几乎全部进入生铁中，从而加重炼钢脱磷负担。按照宝山钢铁集团公司的统计数据，烧结矿中钢渣配入量增加10kg/t，烧结矿的磷含量将增加约0.0038%，而相应铁水中磷含量将增加0.0076%。考虑磷富集问题，钢渣配入烧结矿的比例目前在我国不超过3%，因此必须研究在烧结矿里把磷更大限度地脱除，以提高钢渣的利用率，消除磷富集的问题，减轻转炉脱磷负担，这也是钢渣用于烧结过程的前提条件。

随着全球铁矿石需求量的增加，尽管国际铁矿石价格降低，但国内企业竞争激励，企业利润空间也在逐渐压缩，导致我国钢铁企业的生产成本大幅下调。在严峻的市场形势下，如何进一步降低生产成本，提高企业的利润，是企业经营者面临的挑战，而高磷含铁原料储存量大，价格较低，若能大规模开采应用势必能缓解目前钢铁企业所面临的困境，因此高磷含铁原料脱磷研究就显得尤为重要。

1.3　国内外高磷矿及高磷钢渣研究现状

1.3.1　高磷矿及高磷钢渣理化性能研究现状

1.3.1.1　温度对鲕状赤铁矿石深度还原特性的影响

东北大学的孙永升[33]在试验中所用的矿样选自湖北恩施官店矿区鲕状赤铁矿石，矿样的化学成分分析和XRD分析结果显示矿石中主要有价元素为铁，品位为42.21%；主要杂质为SiO_2、Al_2O_3、CaO，含量分别为21.80%、5.47%、4.33%；有害元素磷的含量高达1.31%，而有害元素硫的含量则相对较低。矿石中主要含铁矿物为赤铁矿；脉石矿物主要为石英和鲕绿泥石；磷主要存在于胶磷矿中。通过对矿石中鲕粒的微观形貌图像分析可知，矿石中赤铁矿与石英等脉石矿物紧密相嵌，形成同心环带结构，表明该矿石具有典型的鲕状结构。鲕粒主要是由赤铁矿、鲕绿泥石、胶磷矿和石英组成，这些矿物围绕一个中心，层层环状包裹形成鲕粒。同时，还可看出鲕粒中的铁矿物分布不均匀。

1.3.1.2 鄂西高磷鲕状赤铁矿矿石性质研究

韦东[34]详细说明了鄂西地区宁乡式高磷鲕状赤铁矿的基本矿物组成和结构构造，综合化学成分的特点，认为该矿区内矿石属低硫高磷的单一酸性氧化铁矿石；还重点介绍了赤铁矿、褐铁矿、磷灰石、鲕绿泥石、石英等主要矿物的产出形式，以及赤铁矿和胶磷矿等目的矿物的嵌布特性，并对磷的赋存状态进行了分析。

对原矿进行了磷的化学物相分析结果表明，矿石中 97.86% 的磷存在于胶磷矿中，而胶磷矿主要分布于赤（褐）铁矿中，吸附状态存在的磷仅占 2.14%。

矿石中的磷基本上以独立的矿物相——胶磷矿产出，而且胶磷矿粒度细小、与赤铁矿鲕粒紧密嵌生，因此从铁矿物集合体角度考虑，磷与铁是密切相关的。

磷灰石的嵌布粒度极不均匀。其中以不规则粒状嵌布于脉石矿物颗粒间隙中的磷灰石粒度较粗，粒径最大的可达 0.62mm；而以鲕粒核心形式嵌布的磷灰石粒度一般为 0.015~0.25mm。这两种嵌布形式的磷灰石经过适当磨矿可以通过机械选矿方法脱除，但嵌布在赤铁矿中或以鲕粒环带形式存在的磷灰石粒度都很细，一般都小于 0.015mm[34]。

1.3.1.3 高磷矿参与混匀配料的生产实践

鄂西恩施地区开发的铁矿石资源，主要为鲕状赤铁矿，其颜色赤红，水分含量在 5% 左右，粒度较粗，适量配用可有效改善烧结用料的透气性。高磷矿的化学成分较稳定，波动不大，与进口矿相比，明显具有"三高一低"（即硅高、铝高、磷高和铁低）的特点[35]。

1.3.1.4 高磷钢渣粉在普通混凝土中的应用研究

柳东等以高磷钢渣粉为例，通过对高磷钢渣粉的粒度分布、化学组成、矿物组成、活性特点等方面的研究，分析了高磷钢渣微粉的特性。对高磷钢渣微粉进行激光粒度分析，结果表明，高磷钢渣微粉中 90% 的颗粒粒径在 23.44μm 以下，50% 颗粒粒径在 8.9μm 以下，其平均直径为 13.96μm，一部分颗粒直径甚至可以达到 0.1μm 以下，颗粒细度明显小于水泥。对高磷钢渣微粉与莱钢钢渣微粉的化学组成做了对比，发现高磷钢渣中铁、磷元素含量明显多于莱钢钢渣，铝元素含量少于莱钢钢渣。铁元素含量影响着钢渣中 RO 相含量的多少，高磷钢渣中铁元素含量较多，导致 RO 含量较多，而活性矿物偏少，并通过 XRD 分析图谱得到了验证，高磷钢渣与莱钢钢渣的主要矿物组成为 C_3S、C_2S、RO、C_2F、CF、玻璃相等。莱钢钢渣中 C_3S、C_2S 等活性矿物的含量多于高磷钢渣，由于磷含量相对钢渣整体而言占比很小，XRD 图谱中没能体现出磷元素的矿物结合状态[36]。

1.3.1.5 高磷渣中磷元素分布及赋存形式研究

重庆大学王雨等利用扫描电子显微镜和 X 射线衍射仪观察并分析了不同磷含量下 $CaO\text{-}SiO_2\text{-}Fe_nO\text{-}P_2O_5$ 渣的微观形貌、磷元素的分布及磷元素的主要赋存相。结果表明高磷渣中的磷主要存在于 $3CaO \cdot P_2O_5$ 和 $2CaO \cdot SiO_2$ 的固溶体中；随着渣中磷含量的增加，有利于 $3CaO \cdot P_2O_5$ 在 $2CaO \cdot SiO_2$ 富集与析出；当渣中磷含量达到一定值时，磷元素将以 $3CaO \cdot P_2O_5$ 独立物相存在。钢渣显微结构主要为硅酸二钙、浮氏体和 RO 相，其余各种矿物含量较少。其中，硅酸二钙多为浑圆粒状，多数晶粒较大，粒径为 0.05mm 左右；少部分为小粒状，晶粒粒径为 0.01～0.03mm；很少数长条状硅酸二钙及少数板片状硅酸三钙，晶粒粒径较大。少数游离氧化钙分布在硅酸二钙或硅酸三钙之中。较多的浮氏体分布在硅酸二钙晶粒之间，少数浮氏体呈浑圆状。方镁石主要为铁方镁石，主要为浑圆状，多分布在浮氏体中间，晶粒粒径多为 0.05mm 左右；个别块中含有梭状镁硅钙石及铁铝酸二钙。少数金属铁呈圆球状，一些圆球状金属铁外层形成一圈浮氏体[37]。

1.3.2 高磷矿及高磷钢渣烧结特性研究现状

1.3.2.1 高磷铁矿的烧结特性及磷的转化机理

李东亮[38]设计烧结杯实验在限定 $CaO/SiO_2 = 2.0$、MgO 含量为 3.0% 的条件下进行，通过对烧结过程的观察、烧结矿性能的检测，得出结论：随着高磷铁矿配比的增加，烧结矿还原性和转鼓强度提高，铁品位下降，成品率和 $RDI_{+3.15}$ 先升高后降低；适当增加配碳有助于烧结矿成品率和转鼓强度的提高，但还原性降低，$RDI_{+3.15}$ 先上升后下降，烧结矿铁品位变化不大[39]；当配碳为 4.14%、高磷铁矿粉配比为 48.10% 时，烧结矿综合指标较好。此时烧结速度为 16.52mm/min，水分为 9.85%，成品率为 72.14%，还原度为 74.8%，转鼓指数为 50.0%，$RDI_{+3.15}$ 为 78.7%，全铁品位为 50.04%，磷含量为 0.3%，若继续增加高磷铁矿的配比，将会使钢铁企业难以承受[40]。

1.3.2.2 高磷铁矿配比对烧结矿显微结构和矿物组成的影响

张晓林[41]采用压块、焙烧方法，并结合试样的显微结构及 X 射线衍射（XRD）分析了高磷铁矿配比对烧结矿的显微结构和矿物组成的影响。结果表明，随着高磷铁矿配比的增加，烧结矿的显微结构由非均相结构向均相结构过渡；赤铁矿由粒状转变为熔蚀结构，铁酸钙由板状转变为针状；赤铁矿含量逐渐减少，铁酸钙含量逐渐增多。此外，高磷铁矿粉配比不宜超过 30%，否则在铁酸钙含量增多的同时，硅酸盐及玻璃相生成也在增多，导致烧结矿强度变差。

1.3.2.3 提高烧结配加钢渣用量的试验

在梅钢配加自产高磷铁精矿及生铁含磷量限制的条件下，提高钢渣配加比例，降低钢渣粒度，提高烧结矿的产量及质量，降低燃料消耗，充分发挥钢渣的资源化属性。随着烧结配加钢渣比例适度地提高，转鼓强度由基准的 66.63% 提高到 68.23%，提高了 1.60 个百分点；燃料消耗由基准的 74.09kg/t 降低到 71.62kg/t，下降了 2.47 个百分点。提高烧结配加钢渣比例，使烧结矿指标与基准相比较都有不同的提高和改善，而且降低钢渣粒度，有利于进一步提高烧结矿的产量及质量[42]。

1.4 高磷矿脱磷研究现状

为了降低高磷铁矿中的磷元素，国内外许多研究人员做了大量实验和研究，尤其是在选矿方法脱磷、化学方法脱磷、微生物脱磷、还原法脱磷方面做了大量的工作。

1.4.1 选矿法脱磷

高磷铁矿石的特殊结构及物理性质决定了其属于难选矿石。目前，典型的磁选工艺主要包括：磁选、浮选及联合流程。单一的选矿方法难以得到理想的脱磷效果，但多种选矿方法联合降磷已显示出优势，近年来，国内外对于高磷铁矿石选矿降磷理论及方法做了大量研究并取得一定的进展。但是高磷铁矿石属于赤铁矿范畴，而且结构是比较复杂的鲕状结构，此外高磷铁矿石与铁矿物及其他脉石嵌布粒度极细，因此，利用选矿法深脱磷还存在一定困难。

1.4.1.1 强磁选

肖巧斌等[43]通过采用细磨-强磁选工艺把磷矿物与铁矿物进行分离，首先把矿石磨至−200 目粒度占 90%，然后采用 5A 和 10A 两种磁选电流进行对比实验。实验结果表明：强磁选不能使磷含量大幅度降低，只能降低很小一部分，而且随着电流强度增加，铁损增加的程度明显比磷降低幅度大，因此脱磷效果不明显。

陈文祥等[44]首先研究巫山高磷鲕状赤铁矿的磨矿细度与铁品位的关系，从而选出了最佳粒度为 0.6mm，接着研究了磁选强度与矿石磷含量的关系，在最佳的参数条件下，达到的最佳脱磷效果为铁矿石含磷 0.95%，远远达不到铁矿石对磷含量的要求。

结合以上的强磁选实验可以看出：尽管铁矿石的磷含量有所降低，但是不能满足钢铁企业对铁矿石磷含量的要求，一方面是由于赤铁矿磁性比较弱，而且磷灰石的比磁性与赤铁矿相当，这样更容易使磷灰石进入铁精矿中；另一方面是因为高磷赤铁矿复杂的结构，其嵌布粒度太细，造成赤铁矿与磷灰石一块选入铁精矿中。因此，强磁选方法不可取。

1.4.1.2 浮选

刘万峰等[45]对湖北含磷鲕状赤铁矿进行了反浮选—筛分,实验结果表明:在磨矿细度 $0.074\mu m$ 占 70.73% 的情况下,使用 DF 作为抑制剂,加入 TL 作为捕捉剂,经过两次脱磷粗选,两次精选,两次扫选,再经过筛分,最终把原矿含铁 49.77%、含磷 1.15% 的高磷赤铁矿反浮选为含铁品位和磷含量分别为 57.43%、0.22% 的铁精矿,其中铁回收率为 78.24%。

刘金长[46]通过单一浮选工艺对黑鹰山富矿进行了脱磷研究,在浮选过程中所采用的捕收剂、抑制剂及 pH 值调整剂分别为氧化石膏皂、水玻璃和碳酸钠,经过试验可得:在原矿铁品位和磷品位分别为 59.55%、1.28% 的基础上,经浮选后所得精矿铁品位和含磷量分别为 63.62%、0.295%,其中铁回收率为 89.07%,脱磷率为 80.42%。

孙克己、卢寿慈、王淀佐等[47]针对含磷弱磁性铁矿石脱磷问题进行单一浮选试验,利用碳酸钠和水玻璃作为介质调整剂及抑制剂,KH 作为捕收剂。在最佳的条件下获得了铁品位为 47.46%、含磷量为 0.184% 的铁精矿,其中铁的回收率为 93.91%,作业脱磷率为 60.37%。

浮选脱磷在国内外仍然有广泛的应用,在我国的小型试验或半工业生产也均取得重大突破,但是在工业上还不能进行大规模的生产,一方面主要是因为高磷铁矿石含硅质矿物含量高,造成浮选泡沫品位较高,以致使有用的铁矿物大量损失;另一方面是所选药剂品种较多,不但提高反浮选成本,而且容易产生水质污染。

1.4.1.3 联合流程

随着对高磷铁矿石的深入研究及对浮选和磁选工艺的进一步优化,磁选和反浮选工艺联合流程已显示出优势。

瑞典 Kiruna 选矿厂处理的高磷磁铁矿石,原矿的铁品位为 61%、磷含量高达 1%。首先选矿厂将矿石磨至 $44\mu m$ 以下的占 85%,然后使用 Atrac 系列捕收剂,采用磁选预选—反浮选(脱磷)—磁选工艺流程,可获得铁品位大于 71%、含磷小于 0.025% 的优质铁精矿[48]。

张芹等[49]对湖北巴东鲕状赤铁矿进行反浮选脱磷研究,实验结果表明:在原矿铁品位为 46.05%、磷含量为 0.83% 的基础上,对胶磷矿赤铁矿矿石进行了选择性絮凝—脱泥—阴离子反浮选的实验研究,试验结果表明:在采用添加分散剂、絮凝剂 G-DF 选择性絮凝脱泥、Ca^{2+} 活化含硅矿物、淀粉抑制铁矿物、油酸作为捕捉剂的条件下,经过选择性絮凝、二次脱泥、一次粗选三次扫选的阴离子反浮选过程,最终获得了铁品位为 56.23%、磷含量为 0.098% 的铁精矿,铁回收率为 75.28%。

纪军[50]通过对宁乡式鲕状赤铁矿的选择性聚团反浮选脱磷进行研究，发现采用分散—选择性聚团反浮选工艺，使用 BK-MZ-3 试剂作为分散剂，可以把原矿石中的含磷量由 0.57% 降至 0.236%，铁品位提高了 1.86%，而且铁回收率达到了 90.57%。

1.4.2　化学法脱磷

化学法脱磷就是以各种强酸对矿石进行酸浸脱磷。该方法是一种较为有效的脱磷方法，不但对矿石没有严格的粒度要求，而且酸浸介质可以重复使用。此外，它不需要把磷化物和铁矿物进行分离，只需要把磷化物裸露出来就可以达到脱磷目的。

孟嘉乐等[51]对湖北大冶高磷铁矿进行了不同种类的酸脱磷和脱磷耗酸量比较研究，结果表明：硫酸只能把铁矿石中的磷含量降至 0.15%，硫酸的量再增加后脱磷量反而降低，而对于硫酸脱磷过程中所造成铁损率，在酸浓度为 10% 时达到最大，但是相对于其他种类的酸来说，硫酸脱磷成本最低；而对于盐酸和硝酸分别可以把铁矿石中磷含量降至 0.1% 和 0.12%，并且硝酸浓度为 10% 时矿石铁损达到最大，而盐酸在所研究的范围内，随盐酸浓度增加，铁损率逐渐增加，但是硝酸脱磷所需成本较高。

美国内华达某高磷铁矿石采用超声波酸浸法脱磷。超声波酸浸[52]是利用超声波清洗矿物表面进行浸出的方法。由于机械搅拌酸浸时所生成的 $CaSO_4$、$CaCl_2$ 等易于矿物表面生成难溶膜，机械搅拌又不能很好地起到清洗作用，从而阻碍了浸出过程；而超声波酸浸则很好地解决了难溶膜问题，使铁精矿含磷量明显降低。石原透等应用超声波酸浸脱磷工艺对美国内华达出产的高磷磁铁矿和赤铁矿进行了脱磷研究，试验中磁铁矿试样含磷量为 0.671%，粒度为 0.589mm，超声波频率为 20kHz，酸浓度为 5%，浸出时间 15min，最终结果为使用硫酸时含磷量降至 0.07%，盐酸时含磷量降至 0.06%，铁回收率均为 95.00% 以上[53]。

刘安荣等[54]另辟蹊径，研究了鲕状赤铁矿焙烧磁选后再进行酸浸的效果，试验结果表明：随着焙烧温度提高，铁品位逐渐增加，而磷含量是先降低后增加；在磨矿过程中，粒度越细，脱磷率越高。在焙烧温度为 800℃、焙烧时间为 40min 及加入煤量占矿石总量 5% 的条件下进行焙烧，然后经过磨矿、粗选、精选后，此时的铁品位和磷含量分别为 59.21% 和 0.43%，最后进行酸浸后铁品位和磷含量为 60.43% 和 0.18%，铁回收率为 70.32%。

采用酸浸脱磷不仅容易导致矿石中可溶性铁矿物溶解，还会溶解铁矿石中大部分碱性金属进入酸中，造成碱金属和铁损失，并且耗酸量大，成本高。因此，化学方法脱磷无法应用于工业生产。

1.4.3 微生物脱磷

近年来，对使用微生物脱磷方法处理高磷铁矿的研究越来越广泛，微生物脱磷主要是依靠微生物新陈代谢产生的有机酸类物质来降低体系的 pH 值，从而使不溶解的磷酸盐分解进入溶液中，以达到溶磷的目的。同时，代谢产酸还会与 Ca^{2+}、Mg^{2+}、Al^{3+} 等离子形成配合物，从而促进磷矿物的溶解。此外，微生物还通过消化吸收一部分磷来补充自己的能量[12]，以维持自身的生长与繁衍。

西班牙学者 Delvasto P 等[55]对巴西 Minas Gerais 地区含磷 0.23% 的铁矿石进行了生物除磷的研究，利用细菌（*Burkholderia caribensis*）对铁矿石进行浸矿处理，浸出后脱磷率约为 20%。

姜涛等[56]以黄铁矿为氧化亚铁硫杆菌的营养物质，对含磷铁矿石进行脱磷试验研究。原矿铁品位为 47.79%、含磷量为 1.12%，在添加含 20% 黄铁矿（质量比）的调制矿浆及初始 pH 值为 1.7~2.0 的条件下，铁矿石的含磷量降至 0.15%，脱磷率为 86.6%，但是脱磷时间较长，为 600~1104h。

鲍光明[57]从嗜酸氧化亚铁硫杆菌和嗜酸氧化硫硫杆菌的协同作用展开研究。首先，分析出两种杆菌的配比为 2∶1，在混匀后脱磷率达到了 88.7%，同时还对不同矿浆初始 pH 值和矿浆浓度进行研究，发现在 pH 值为 1.8~2.5 的条件下，细菌脱磷能力较强，而矿浆浓度超过 5% 时对杆菌脱磷具有明显的抑制作用。

1.4.4 还原法脱磷

高磷矿中磷是以最高价 +5 的磷灰石形式存在的，因此要想把磷除去，可以用还原剂把磷还原出来以气相的形式脱除。国内外的学者也对此做了大量的研究，主要体现在高磷铁矿石的焙烧磁选上，即通过还原剂还原气化脱磷和磁选还原成磁铁矿的铁氧化物，将磷以磷酸盐形式脱除，达到脱磷的目的。

1.4.4.1 高磷铁矿还原脱磷

周继程等[58]为了提铁脱磷，利用煤粉还原铁品位为 47.92% 的鄂西高磷鲕状赤铁矿，依据赤铁矿比磷灰石先被煤粉还原脱磷原理，该实验是在温度 1150~1300℃、团块碱度为 0~1.8、内配碳比 0.7~1.0 的范围内进行的，试验结果表明：随着温度、碱度和内配碳比增加，脱磷率是先增加后降低，并且在最佳的工艺条件下还原 15min，将得到铁品位大于 85%，含磷量为 0.2%~0.5% 的优质还原铁矿粉，此时的脱磷率大于 85%，铁的回收率大于 90%。

杨大伟等[59]在添加脱磷剂的前提下对鄂西"宁乡式"高磷鲕状赤铁矿进行了还原焙烧—磁选试验研究，得出煤用量、NCP 脱磷剂用量、焙烧温度及焙烧时间对脱磷率、铁品位和铁回收率的影响，并确定在煤用量 40% 时，脱磷率最高，铁品位及铁回收率适中；NCP 脱磷剂用量超过 20%、焙烧时间超过 60min 时，对脱磷率、铁品位及铁回收率提高的影响很小；焙烧温度在 1000℃ 以内时，脱磷率、铁品位及铁回收率随着温度的提高而增加，超过 1000℃ 后，脱磷率反而降低。此外，在上述最佳条件下获得铁品位和磷含量分别为 90.09% 和 0.06%，铁回收率为 88.91%，脱磷率达到了 92% 以上。

由于煤与 NCP 用量较大，而且 NCP 脱磷剂成本较高。因此，李永利[60]采用廉价 TS 代替 NCP 对高磷鲕状赤铁矿进行了脱磷研究[45]，并说明了不使用脱磷剂而只是单纯地加入还原剂和增加温度难以把磷脱到 0.1% 以下，因此在温度 1150℃、NCP 加入量为 10% 的条件下对 TS 脱磷剂脱磷的效果进行了试验，得出随着 TS 量增加，脱磷率也逐渐增加，在超过 35% 后脱磷率变化不大，并在此基础上确定还原剂和 NCP 的量。最终得出在还原剂用量 17.5%、TS 用量 50%、NCP 用量 2.5% 时，可得到铁品位为 91.58%、磷含量为 0.049% 的铁精矿，铁回收率为 84.96%。

北京科技大学的余文[61]以鄂西高磷鲕状赤铁矿为研究对象，以 $Ca(OH)_2$ 和 Na_2CO_3 为组合添加剂，进行高磷鲕状赤铁矿含碳球团制备及直接还原—磁选研究。首先用模具将铁矿石、煤和添加剂制成球团，然后进行还原焙烧—磁选分离，并研究了添加剂用量、煤用量、焙烧温度、焙烧时间对直接还原铁指标的影响。在 $Ca(OH)_2$ 和 Na_2CO_3 用量分别为 15% 和 3% 的条件下，得到了铁品位为 93.28%、磷含量为 0.07% 的直接还原铁，铁回收率达到 92.30%。此外，高磷鲕状赤铁矿含碳球团在特定的焙烧条件下出现了熔融膨胀现象。采用反应性差的无烟煤为还原剂时，含碳球团在焙烧过程中可能出现熔融膨胀现象，其膨胀程度受 C/O 比、煤粒度、焙烧温度和焙烧时间影响，减小煤粒度可以消除膨胀。其膨胀机理为：以反应性差的无烟煤为还原剂时，焙烧过程中会过早地生成大量低熔点的渣相，阻碍了气体向外扩散，使球团内部气压增大从而导致熔融膨胀。

徐承焱等[62]研究了还原剂用量对高磷鲕状赤铁矿脱磷率及焙烧产物的影响和作用机理，并同时分析了还原剂种类对脱磷效果的影响。在脱磷剂相同的情况下，使用同一种还原剂，焙烧产物中金属铁含量随还原剂用量的增加而增加，浮氏体含量随还原剂用量的增加而降低，还原剂用量的增加会减弱脱磷剂与矿石中主要脉石矿物生成铝硅酸钠的趋势。另外，使用不同种类的煤脱磷效果也不一样，其中褐煤还原脱磷的效果最好，无烟煤和焦炭次之，活性炭的效果最差。

江礼科等[63]使用纯氟磷灰石、活性炭及二氧化硅原料，进行了磷矿热炭固态还原反应机理的试验研究，试验结果表明：在 1400℃ 以下温度时，单纯地使用活性炭还原纯氟磷灰石是很困难的，并且得出在掺加 SiO_2 后，活性炭再还原纯氟磷灰石温度明显降低，在 1200℃ 时，便有 $CaSiO_3$ 和 $CaF_2 \cdot SiO_2$ 的生成，完成了氟磷灰石的脱氟反应，而且随着温度或 SiO_2/CaO 值的升高，逐渐有 SiF_4 气体逸出。此外，根据研究表明，磷酸钙极易被 C 还原，尤其是在加入 SiO_2 后，还原温度为1050℃。氟磷灰石逐步与C和SiO_2反应的热力学反应式为：

低硅钙摩尔比时

$$2Ca_{10}(PO_4)_6F_2 + SiO_2 = 6Ca_3(PO_4)_2 + 2CaF_2 \cdot SiO_2 \qquad (1-2)$$

$$2Ca_3(PO_4)_2 + 10C = 6CaO + P_4 + 10CO \qquad (1-3)$$

$$CaO + SiO_2 = CaO \cdot SiO_2 \qquad (1-4)$$

高硅钙摩尔比时

$$2Ca_{10}(PO_4)_6F_2 + SiO_2 = 6Ca_3(PO_4)_2 + 2CaF_2 \cdot SiO_2$$

$$2Ca_3(PO_4)_2 + 10C = 6CaO + P_4 + 10CO$$

$$2CaF_2 \cdot SiO_2 + 2SiO_2 = 2CaSiO_3 + SiF_4 \uparrow \qquad (1-5)$$

$$CaO + SiO_2 = CaO \cdot SiO_2$$

Tang Huiqing 等[64]通过采用HSC软件模拟了气基还原高磷铁矿石，提出在还原温度为1073K时使用CO或H_2气体还原高磷铁矿石后，磷元素仍以磷酸钙的形式存在，并得出使用CO和H_2还原的高磷铁矿石在熔分后含磷量分别为0.27%、0.33%。

1.4.4.2 高磷锰矿石还原脱磷

高磷锰矿石中的磷赋存状态及结构与其在高磷铁矿石中的很相似，也是以磷灰石和部分胶磷矿的形态存在，分布在锰化物颗粒之间或石英等脉石中，嵌布粒度极细，并且锰与磷矿层相互共生以致难以达到单体解离的目的。因此，高磷锰矿石脱磷与高磷铁矿石脱磷有相似之处。

陈津等[65]采用微波封闭加热的方法对含碳锰矿粉进行还原脱磷试验，研究表明如果物料综合碱度小于1时，其中的磷矿物按下式进行还原反应：

$$2Ca_5(PO_4)_3F + 15C + 9SiO_2 = 3/2P_4 + 15CO + 9CaO \cdot SiO_2 + CaF_2$$
$$(1-6)$$

$$\Delta G = 4231830 - 2671.104T$$

$$T_{开始} = 1311.3℃$$

当物料综合碱度大于1时，磷矿物则按下式进行还原反应：

$$2Ca_5(PO_4)_3F + 15C = 3/2P_4 + 15CO + 9CaO + CaF_2 \qquad (1-7)$$

$$\Delta G = 5036700 - 2650.128T$$

$$T_{开始} = 1627.6℃$$

加入SiO_2后可以明显降低开始还原温度。此外，在该试验过程中各个参数为最佳值时，气化脱磷率为40%~60%。因此，微波加热固态还原脱磷可以对中低品位锰矿，特别是对高硅高磷锰矿进行还原脱磷效果明显。

1.4.5 微波法脱磷

微波是频率位于300MHz至300GHz的电磁波，其热效应是依靠物质的介电损耗，具有选择属性加热物料的一种加热方法。微波的特性及其热效应和非热效应，使得微波加热具有传统加热无可比拟的优势。

吕岩等[66]利用微波加热的方法对转炉钢渣进行碳热还原反应的研究。研究表明，碳热还原钢渣反应 $Ca_3(PO_4)_2+5C=3CaO+1/2P_4+5CO$ 在微波加热的条件下可以在 1000℃ 时自发进行，而在传统的加热方法中，达到 1400℃ 以上才能迅速反应。微波场中，温度在 1200℃ 时，脱磷率就已经达到 85% 以上。在配碳量较高的情况下，气化脱磷为主要方式，主要原因在于高配碳情况下 CO 气体产生量较多，CO 气体上升过程中会将更多的气态磷带出，促进磷的气化逸出。此外，微波加热在 1300℃ 下即可较充分地发生还原反应，该温度尚未产生宏观熔池，为固-固相反应，此时料柱松散，磷蒸气逸散阻力小，易被 CO 气体携带出体系。

重庆大学的吕学伟等[67]利用微波的手段研究了高磷矿的碳热还原，首先采用巫山的高磷矿和兰炭进行混合造球，然后进行微波碳热还原—磁选脱磷提取铁、磷元素，并研究了配碳量和还原时间对磁选产物中铁、磷含量的影响规律，结果表明：采用微波碳热还原处理高磷矿，可获得较高的铁收得率，但脱磷率效果不理想，铁收得率最高可达 98%，而脱磷率最高仅为 32.5%。此外，随着铁回收率的提高，脱磷率逐渐降低，即提铁与脱磷存在矛盾，铁的收得率提高则脱磷率下降。

侯向东等[68]利用微波加热含碳锰矿粉进行固相还原脱磷，反应机理为：反应初级阶段由 $Ca_5(PO_4)_3F$ 生成 $Ca_3(PO_4)_2$；第二阶段利用 SiO_2 将 P_4O_6 置换出来；最后阶段，如果气相仅与碳发生反应，那么主要是通过还原反应 $P_4O_6+6C=2P_2+6CO$ 生成单质 P_2；还原后的磷单质以气体的形式向外扩散时，部分以气体形式逸出，另一部分进入到锰铁金属化物和渣相中。试验结果表明，加热温度为 1000~1300℃ 时，其气化脱磷率在 50% 以上，1200℃ 时随保温时间的增加，气化脱磷率有增加的趋势。

微波法加热脱磷可以在较低温度下实现还原脱磷，使得在低温下不可能发生的脱磷反应得以顺利进行，高磷赤铁矿中磷矿物主要以氟磷灰石形式存在，可以在微波还原过程中转化为磷酸钙，然后进行还原得到磷单质气体并排出，为高磷赤铁矿脱磷提出了新的途径。

综合以上方法，采用传统的选矿方法，铁精矿中磷含量较高，且成本高；采用化学方法，环境污染严重，铁损大；采用微生物法，脱磷周期长，不适合工业应用；采用还原法，耗碳量大，工序复杂；而微波法，不适宜大规模应用。

1.5　钢渣脱磷研究现状

为了脱除钢渣中的磷，国内外许多研究人员做了大量实验和研究，尤其是在浮选法、磁选法、还原法方面做了大量的工作。

1.5.1 浮选法脱磷

尾野均等[69]提出熔渣中磷元素随硅酸二钙首先结晶析出，而且硅酸二钙比钢渣残余渣液密度小。崔虹旭等[70]的研究表明，$2CaO\text{-}SiO_2$ 的析出为渣中磷的富集提供了"场所"，但随着其析出量的增加，富磷相 $2CaO \cdot SiO_2\text{-}3CaO \cdot P_2O_5$ 固溶体中的磷的浓度会逐渐变"稀"，不利于获得高 P_2O_5 含量的富磷相。因此我们就可以利用硅酸二钙颗粒密度比残余熔融渣液小而上浮的方法，分离转炉渣中的富磷部分；但这种做法要求钢渣的条件比较苛刻，即钢渣中的 $FeO+Fe_2O_3+MnO$ 须达 30% 以上，要求冷却开始温度较高，在高温段的冷却速度极为缓慢以及钢渣熔化后流动性要好以满足富磷组分上浮，并且到最后析出的晶体中 $2CaO \cdot SiO_2\text{-}3CaO \cdot P_2O_5$ 固溶体所占的比例越来越少，无法与其他的矿相进行分离，这些条件用于工业生产极为苛刻，因此限制了该方法的工业化。

1.5.2 磁选法脱磷

Fujita 和 Iwasaki[71]对中性气氛下的缓冷渣进行了高强度磁选除磷的研究，发现空气中，1370℃下的缓冷转炉渣，尽管 $2CaO \cdot SiO_2$ 长大，但是强磁性的 $(Mg, Mn)O \cdot Fe_2O_3$ 与 $2CaO \cdot SiO_2$ 形成嵌布，干扰磁选。在氮气氛下，铁坩埚中，1370~1453℃范围内保温数小时，以 0.5℃/min 的速度缓冷后，$2CaO \cdot SiO_2$ 晶粒长大到 150μm，其中含有转炉渣中 80% 的磷。转炉渣经磨细至 30μm 后进行分步磁选，渣中 87% 的 Fe、Mn 进入磁性富集物，并可排除 67% 的磷。磁性富集物中还含有 20% 以上的 $2CaO \cdot SiO_2$，这些 $2CaO \cdot SiO_2$ 中包含了磁性富集物中 80% 的磷，对这部分矿浆的选矿分离效果不明显。向熔渣中加入 1% 的焦炭可使含铁相的 P_2O_5 含量减少到 1.4%，转炉渣中 74% 的磷可以转移到非磁性相中，Fe 和 Mn 的总回收率为 83%。选矿分离的中间产物还需要结合阴离子浮选等工序进行进一步分离。

该方法的问题在于铁氧化物和 P_2O_5 的还原不完全，磁性相与 $2CaO \cdot SiO_2$ 形成嵌布，干扰磁选，很难实现完全除磷。

1.5.3 还原法脱磷

钢渣中磷是以化合价的最高价+5 的磷酸钙形式存在的，因此要想把磷除去，可以用还原剂把磷还原成气相的形式脱除。国内外的学者也对此做了大量的研究。李光强、张峰等在感应炉中分别于 1923K 和 2073K 对转炉渣进行了高温碳热还原脱磷的实验研究，脱磷效果如图 1-4 所示。由图 1-4 可知，在 1923K 温度下，由于钢渣不能完全熔化，导致钢渣的流动性差，无法使钢渣和还原剂充分接触发生反应，并且钢渣中的磷大部分进入了铁碳合金中，形成 Fe-C-P 合金，少部分以气态挥发。2073K 时转炉渣完全熔化，经碳热还原，渣中 62.7%的磷进入铁碳合金，32.8%的磷进入气相，4.5%的磷留在还原后的残渣中，即总共可以除去 95.5%的磷。转炉渣高温碳热还原，不需添加任何熔剂，除磷彻底，这说明提高温度可以气化脱磷。

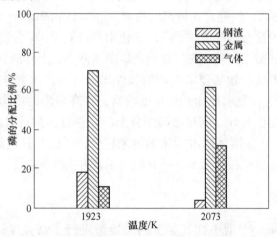

图 1-4 磷在还原后的残渣、金属和气相中的分配

项长祥等[72]在 1873K 的温度下用不同还原剂处理上钢三厂的转炉渣。采用固体碳及煤矸石作为还原剂，研究了在石墨坩埚中还原钢渣的过程，如图 1-5 所示。由图 1-5 可以看出，随还原时间的增加渣中 TFe 量及 P_2O_5 含量由于被碳还原而显著下降，渣中其他成分不参与反应，其含量随 FeO 及 P_2O_5 的还原呈上升趋势。在如图 1-6 所示的变化关系曲线中可以看出全铁量大约为 10%时，钢渣中 P_2O_5 才开始急速被还原。因此，钢渣在加热到一定温度时，铁氧化物比五氧化二磷更易被还原。

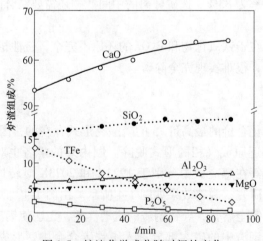

图 1-5 炉渣化学成分随时间的变化

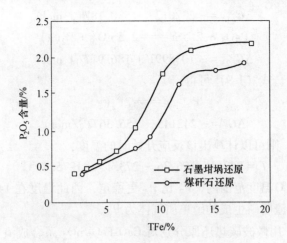

图 1-6 渣中 TFe 量和 P_2O_5 含量的关系

另有宫下芳雄等[73]在转炉出钢后,向渣中添加碳材、萤石并吹氧,5min 后,渣中 90%的 FeO,10%的 MnO、90%的 P_2O_5 被还原,其中 60%的磷进入铁相合金中,其余 40%被气化脱除。

松下幸雄[74]在有硅铁合金和锡共存时,用碳还原转炉渣并进行了脱磷的实验研究,发现硅和锡都可使铁中的磷活度增加很多,从而在碳还原转炉渣时,使磷元素更加容易脱除。

竹内秀次等[75]在等离子熔化炉水冷铜模内有 Fe-Si 存在的情况下,用碳还原转炉炉渣,探讨从转炉渣分别回收铁和磷的可能性。他们指出:

(1)炉渣中的铁几乎可以全部回收。

(2)同时还原产生的磷蒸气,一部分全溶入附近的铁液,但至少有 60%的磷可气化除去并作为单质磷回收。

(3)磷蒸气向气相逸散,主要是因为转炉渣中氧化铁被还原产生大量 CO,由 P_2O_5 还原产生的 P_2,在没来得及溶于铁液之前被大量携出体系外。

(4)炉渣中加入 Al_2O_3 等改善其流动性,有助于降低溶于铁液中磷的比例。

(5)碱度高的炉渣,还原后残留在炉渣中的磷较多,为了较完全地回收磷,应加入 SiO_2,使炉渣碱度降低。

(6)还原并回收铁、磷后的炉渣改善了性能,可作为铺路材料和水泥原料。

王书桓等[76,77]从转炉渣脱磷热力学分析入手,在 1450～1700℃温度范围内,用真空碳管电阻炉对转炉渣进行硅热还原,并设计正交试验研究温度、碱度、FeO 与气化脱磷率之间的关系,选出了最佳的脱磷条件,脱磷率达到了 81.23%。脱磷热力学反应式为:

$$2P_2O_5 + 5Si \Longrightarrow 5SiO_2 + P_4(g) \tag{1-8}$$

$$\Delta G_{(1)}^{\ominus} = -2320127 + 530.18T(\text{J/mol})$$

$$P_2O_5 + 2.5Si \Longrightarrow 2.5SiO_2 + P_2(g) \tag{1-9}$$

$$\Delta G_{(2)}^{\ominus} = -1038991 + 186.91T(\text{J/mol})$$

由式 (1-8)、式 (1-9) 可得:

$$P_4(g) \Longrightarrow 2P_2(g) \tag{1-10}$$

$$\Delta G^{\ominus} = -242145 + 156.36T(\text{J/mol})$$

令 $\Delta G^{\ominus} = 0$,则可以计算出该反应开始时的温度:

$$T = 242145/156.36 - 273.15 = 1275.49℃$$

即在 0~1275.49℃ 温度范围内,P_2 比 P_4 更稳定,因此温度在 1450~1700℃ 之间时,硅热还原钢渣脱磷生成的磷单质气体为 P_4。

Morita 等[78]用微波碳热还原分别对 CaO-FeO-SiO$_2$ 系合成渣、铁水脱磷预处理渣和含铬的转炉不锈钢渣中铁、磷、铬的回收进行了基础研究,验证了该方法的可行性并提出了进一步回收还原产物中磷的方法。

吕岩等[66]用微波碳热还原钢渣,研究了脱磷率与温度、配碳量、保温时间之间的关系,如图 1-7~图 1-9 所示,从图中看出脱磷率随温度、配碳量、保温时间增加而增多。

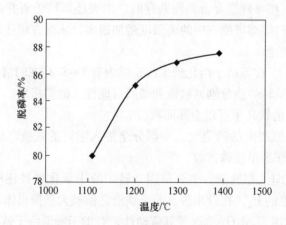

图 1-7 温度对脱磷率的影响

根据碳热还原机理反应:

$$2Ca_3(PO_4)_2 + 10C \Longrightarrow 6CaO + P_4 + 10CO \tag{1-3}$$

式 (1-3) 的 $\Delta G^{\ominus}$ 计算公式如下:

$$3CaO + P_2 + 2.5O_2 \Longrightarrow Ca_3(PO_4)_2 \tag{1-11}$$

$$\Delta G_{(1)}^{\ominus} = -2313800 + 556.5T(\text{J/mol})$$

$$C + 0.5O_2 \Longrightarrow CO \tag{1-12}$$

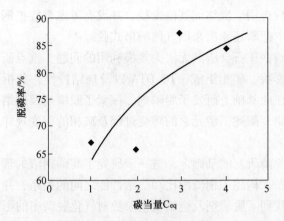

图 1-8 碳当量对脱磷率的影响

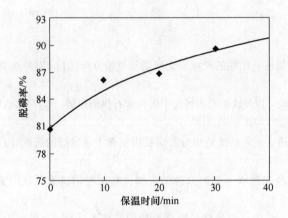

图 1-9 保温时间对脱磷率的影响

$$\Delta G_{(2)}^{\ominus} = -114400 - 85.77T(\text{J/mol})$$

$$P_4(g) == 2P_2(g) \tag{1-10}$$

$$\Delta G_{(3)}^{\ominus} = -242145 + 156.36T(\text{J/mol})$$

由式（1-10）~式（1-12）可得：

$$2Ca_3(PO_4)_2 + 10C == 6CaO + P_4 + 10CO \tag{1-3}$$

$$\Delta G^{\ominus} = 10\Delta G_{(2)}^{\ominus} - 2\Delta G_{(1)}^{\ominus} - \Delta G_{(3)}^{\ominus} = 3725745 - 2127.06T(\text{J/mol})$$

令 $\Delta G^{\ominus} = 0$，则可以计算出该反应开始时的温度：

$$T = 3725745/2127.06 - 273.15 = 1478.44℃$$

即在 1478.44℃ 温度以上时，单质 C 可以把 $Ca_3(PO_4)_2$ 中的磷元素以气体形式还原出来。

基于以上研究的还原方法，均是在钢渣中加入还原剂脱除矿相 $Ca_3(PO_4)_2$

中的磷元素，然后再用于烧结或其他途径，并没有考虑直接把钢渣作为烧结矿原料，在烧结过程中把磷还原出来以气体的形式脱除。

本书针对高磷铁矿石含磷高无法大规模利用的问题，重点研究了高磷铁矿石的孔结构、显微形貌、矿相组成、TG-DTA 以及烧结特性，分析气化脱磷的热力学和动力学，并在此基础上研发了脱磷剂，探索了脱磷剂及烧结工艺参数对气化脱磷率的影响规律，阐述了磷元素的转变过程及矿相的衍变规律，揭示了气化脱磷机理。

在高磷铁矿脱磷研究的基础上，进一步研究了高磷钢渣的理化性能，分析了磷元素的赋存状态，构建了钢渣配比和烧结性能之间的关系，并采用新脱磷剂进行了脱磷研究，找到了脱磷剂及烧结工艺参数对气化脱磷率的影响规律。

参 考 文 献

[1] 陈爱萍. 我国钢铁业面临的产业安全问题及对策分析 [J]. 对外经贸实务, 2009 (7): 54~58.

[2] 陈其慎, 王高尚. 世界铁矿石市场与中国铁矿石供需形势 [C]//第八届全国矿床会议论文集, 2006: 827~830.

[3] 陈亮亮, 刘养洁. 世界铁矿资源分布对我国钢铁工业发展的影响 [J]. 经济研究导刊, 2010 (5): 35~37.

[4] 辛桢凯. 鄂西高磷鲕状赤铁矿除磷微生物优良菌种的选育 [D]. 武汉: 武汉理工大学, 2010.

[5] 罗立群, 高志, 孙洁. 难选铁矿石微生物脱磷技术 [J]. 金属矿山, 2008 (8): 58~60, 95.

[6] 张淑会, 吕庆, 胡晓. 含砷铁矿石脱砷过程的热力学 [J]. 中国有色金属学报, 2011, 21 (7): 1705~1712.

[7] 肖细元, 陈同斌, 廖晓勇, 等. 中国主要含砷矿产资源的区域分布与砷污染问题 [J]. 地理研究, 2008 (1): 201~212.

[8] 刘景槐, 李学军. 含砷铜精矿回转窑焙烧脱砷工艺研究 [J]. 湖南有色金属, 2000 (1): 23~24, 59.

[9] 周赛平, 宾万达, 杨天足, 等. 加石灰焙烧黄铁矿、砷黄铁矿的产物研究 [J]. 黄金, 1995 (9): 24~28.

[10] 胡晓, 吕庆, 张淑会. 含砷铁矿石脱砷研究现状 [J]. 钢铁研究, 2010 (4): 47~51.

[11] 朱元凯, 董元篪, 彭强, 等. CaC_2-CaF_2 渣系对铁水脱砷的研究 [J]. 北京钢铁学院学报, 1986 (2): 103~112.

[12] 付兵, 薛正良, 吴光亮, 等. 铁水用 CaC_2-CaF_2 渣系脱砷研究 [J]. 过程工程学报, 2010 (S1): 146~149.

[13] 刘守平，孙善长．钢液和铁水硅钙合金脱砷研究 [J]．特殊钢，2001 (5)：12~15.

[14] 周云，陈祖强，李辽沙，等．马钢高炉的锌平衡及控制措施 [J]．钢铁研究学报，2010 (4)：59~61.

[15] 尹国亮．含锌磁铁矿烧结性能及脱锌的研究 [D]．重庆：重庆大学，2010.

[16] 王贤君，雍海泉，王玮，等．含锌粉尘配碳球团的冶金性能研究 [J]．钢铁技术，2012 (3)：51~54.

[17] 惠志林，王正勋．高炉除尘污泥回收锌的研究 [J]．有色金属（冶炼部分），1998 (2)：20~22.

[18] 徐凯，张延玲，李士琦，等．唐钢高炉粉尘提取铁、锌的实验室研究 [J]．河北冶金，2014 (3)：1~5.

[19] 杨振刚．白云鄂博铁精矿焙烧过程氟、钾、钠逸出研究 [D]．包头：内蒙古科技大学，2015.

[20] 张元龙．含硫铁矿提铁降杂试验及机理研究 [D]．武汉：武汉理工大学，2013.

[21] 林洪民．回归分析对铁精矿含硫量的预报与控制 [J]．江苏冶金，1983 (4)：61~67.

[22] 王雪松，李朝祥，付元坤．硫铁矿烧渣磁化焙烧的试验研究 [J]．钢铁研究学报，2005 (6)：13~17.

[23] 王昌良，刘人辅．四川某地高硫多金属铁矿石的综合利用 [J]．矿产综合利用，2001 (6)：17~20.

[24] 余俊，葛英勇．西部铜业巴彦淖尔高硫铁矿焙烧—磁选—浮选试验研究 [J]．现代矿业，2010 (1)：102~104.

[25] 刘占华，孙体昌，孙昊，等．从内蒙古某高硫铁尾矿中回收铁的研究 [J]．矿冶工程，2012 (1)：46~49.

[26] 赵一鸣，毕承思．宁乡式沉积铁矿床的时空分布和演化 [J]．矿床地质，2000 (4)：350~362.

[27] 何环宇，倪红卫，甘万贵，等．炼钢渣的冶金资源化利用及评价 [J]．武汉工程大学学报，2009，31 (1)：41，42.

[28] 韩风光，丘海雨，聂慧远，等．梅山烧结配加转炉钢渣的试验研究 [J]．烧结球团，2006，31 (5)：15~18.

[29] 秦鹏，毛友庄，张德千．烧结生产配加钢渣精粉的研究与实践 [J]．莱钢科技，2009 (5)：62，63.

[30] 杨传举．济钢钢渣综合利用现状和建议 [J]．中国资源综合利用，2004 (12)：21~23.

[31] 陈锦松，章耿，蒋晓放．炼钢废弃资源在宝钢的综合利用 [J]．冶金环境保护，2007 (6)：21~23.

[32] 栾景丽，李文斌，屈云海．昆钢钢渣资源化利用的研究 [J]．中国资源综合利用，2009，27 (4)：19~21.

[33] 孙永升，韩跃新，高鹏，等．温度对鲕状赤铁矿石深度还原特性的影响 [J]．中国矿业大学学报，2015 (1)：132~137.

[34] 韦东．鄂西高磷鲕状赤铁矿矿石性质研究 [J]．金属矿山，2010 (10)：61~64.

[35] 谭金河, 王泽, 唐国成, 等. 高磷矿参与混匀配料的生产实践 [J]. 烧结球团, 2012 (1): 55, 56, 64.

[36] 柳东, 刘福田, 张德成, 等. 高磷钢渣粉在普通混凝土中的应用研究 [J]. 混凝土世界, 2014 (10): 70~79.

[37] 王雨, 郭戌, 刁江, 等. 高磷渣中磷元素分布及赋存形式研究 [C]//中国自然科学基金委员会工程与材料学部, 中国金属学会冶金过程物理化学学术委员会, 中国有色金属学会冶金物理化学学术委员会, 中国稀土学会. 2010 年全国冶金物理化学学术会议专辑 (上册), 2010: 4.

[38] 李东亮. 高磷铁矿的烧结特性及磷的转化机理 [D]. 唐山: 河北联合大学, 2012.

[39] 宋宝华. 影响烧结原料混匀效果的分析及对策 [J]. 河北冶金, 2012 (3): 8, 9~12.

[40] 邢宏伟, 李东亮, 张玉柱, 等. 配加高磷铁矿的烧结杯实验 [J]. 河北冶金, 2012 (3): 3~8.

[41] 张晓林, 温良英, 吕学伟, 等. 配加高磷铁矿的小型烧结试验研究 [J]. 钢铁研究学报, 2011 (8): 31~34.

[42] 刘佩秋. 提高烧结配加钢渣用量的试验 [J]. 梅山科技, 2012 (5): 39~41.

[43] 肖巧斌, 戈保梁, 杨波, 等. 云南某鲕状赤铁矿选矿试验研究 [C]//中国冶金矿山企业协会, 中钢集团马鞍山矿山研究院. 2005 年全国选矿高效节能技术及设备学术研讨与成果推广交流会论文集, 2005: 3.

[44] 陈文祥, 胡万明, 王兵. 巫山桃花高磷鲕状赤铁矿联合选矿脱磷工艺研究 [J]. 金属矿山, 2009 (3): 50~53, 136.

[45] 刘万峰, 王立刚, 孙志健, 等. 难选含磷鲕状赤铁矿浮选工艺研究 [J]. 矿冶, 2010 (1): 13~18.

[46] 刘金长. 黑鹰山富矿脱磷试验研究 [J]. 矿物岩石地球化学通报, 1997 (S1): 89~91.

[47] 孙克己, 卢寿慈, 王淀佐, 等. 弱磁性铁矿石脱磷选矿试验研究 [J]. 中国矿业, 1999 (6): 61~64.

[48] 方启学. 微细粒弱磁性铁矿分散与复合聚团理论及分选工艺研究 [D]. 长沙: 中南工业大学, 1996.

[49] 张芹, 张一敏, 胡定国, 等. 湖北巴东鲕状赤铁矿选矿试验研究 [C]//中国冶金矿山企业协会矿山技术委员会, 金属矿山杂志社. 2006 年全国金属矿节约资源及高效选矿加工利用学术研讨与技术成果交流会论文集, 2006: 3.

[50] 纪军. 高磷铁矿石脱磷技术研究 [J]. 矿冶, 2003, 12 (2): 33~37.

[51] 孟嘉乐, 曹晶, 沈少波, 等. 湖北大冶高磷铁矿表征及脱磷耗酸量比较 [C]//中国自然科学基金委员会工程与材料学部, 中国有色金属学会冶金物理化学学术委员会, 中国金属学会冶金物理化学学术委员会, 中国稀土学会. 2008 年全国冶金物理化学学术会议专辑 (下册), 2008: 4.

[52] 崔吉让, 方启学, 黄国智, 等. 高磷铁矿石脱磷工艺研究现状及发展方向 [J]. 矿产综合利用, 1998 (6): 20~24.

[53] 艾光华, 李晓波, 周源. 高磷铁矿石脱磷技术研究现状及发展趋势 [J]. 有色金属科学

与工程，2011（4）：53~58.

[54] 刘安荣，唐云，张覃，等. 鲕状赤铁矿焙烧磁选—酸浸工艺研究［J］. 金属矿山，2010（3）：48~52.

[55] Delvasto P，Ballester A，Munoz J，et al. Mobilization of phosphorus from iron ore by the bacterium burkholderia caribensis FeGL03［J］. Minerals Engineering，2009（22）：1~9.

[56] 姜涛，郭宇峰，邱冠周，等. 一种由含磷鲕状赤铁矿制备炼铁用铁精矿的方法：中国，CN200710034838.2［P］. 2007-10-17.

[57] 鲍光明. 混合细菌浸出铁矿石中磷的研究［D］. 武汉：武汉理工大学，2009.

[58] 周继程，薛正良，张海峰，等. 高磷鲕状赤铁矿脱磷技术研究［J］. 炼铁，2007，26（2）：40~43.

[59] 杨大伟，孙体昌，杨慧芬，等. 鄂西高磷鲕状赤铁矿直接还原焙烧同步脱磷机理［J］. 北京科技大学学报，2010，56（8）：968~974.

[60] 李永利，孙体昌，杨慧芬，等. 高磷鲕状赤铁矿直接还原同步脱磷研究［J］. 矿冶工程，2011（2）：68~70.

[61] 余文. 高磷鲕状赤铁矿含碳球团制备及直接还原磁选研究［D］. 北京：北京科技大学，2015.

[62] 徐承焱，孙体昌，祁超英，等. 还原剂对高磷鲕状赤铁矿直接还原同步脱磷的影响［J］. 中国有色金属学报，2011（3）：680~686.

[63] 江礼科，邱礼有，梁斌，等. 氟磷灰石热炭固态还原反应机理［J］. 成都科技大学学报，1995（1）：1~5.

[64] Tang Huiqing，Guo Zhancheng，Zhao Zhilong. Phosphorus removal of high phosphorus iron ore by gas-based reduction and melt separation［J］. Journal of Iron and Steel Research，2010，17（9）：1~6.

[65] 陈津，侯向东，宋平伟，等. 锰矿粉微波加热还原脱磷［J］. 过程工程学报，2008（S1）：231~235.

[66] 吕岩，张猛，艾立群，等. 微波处理碳热还原转炉钢渣的脱磷实验研究［J］. 炼钢，2010（4）：70~74.

[67] 尹嘉清，吕学伟，白晨光，等. 高磷铁矿微波碳热还原—磁选脱磷工艺研究［C］//中国金属学会. 第八届（2011）中国钢铁年会论文集，2011：6.

[68] 侯向东，陈津，史学红，等. 微波加热含碳锰矿粉固相还原脱磷影响因素分析［J］. 科技创新导报，2009（3）：17，19.

[69] 尾野均，韩光烈. 利用2CaO·SiO₂颗粒上浮分离现象的转炉渣脱磷法［J］. 湖南冶金，1987（S1）：32~40，54.

[70] 崔虹旭，陈庆武，申莹莹，等. 转炉钢渣除磷技术研究与现状［C］//中国金属学会冶金反应工程分会. 第十三届（2009年）冶金反应工程学会议论文集，2009：5.

[71] Fujita T，Iwasaki L. Phosphorus removal from steemaking stags slow-cooled in a non-oxidizing atmosphere by magnetiaeparation/flotation［J］. Transactions of the ISS，1989，Jna：47，48.

[72] 项长祥，陈亚辉，鹿林，等. 还原法处理炉渣的研究［J］. 环境工程，1997（3）：

54~57.

[73] 宫下芳雄，柳井明，山田健三，等. 製鋼溶融ラグの処理方法［P］. 日本：特开昭 51-121030. 1975-04-16.

[74] 松下幸雄. 鉄冶金研究室の三十四年［J］. 鉄と鋼，1980，66（12）：1704~1717.

[75] 竹内秀次，松下幸雄. Fe-Si 合金利用にょる転炉スラグの鉄およぴりんの個別回收［J］. 鉄と鋼，1980，66（14）：2050~2057.

[76] 王书桓，吴艳青，刘新生，等. 硅还原转炉熔渣气化脱磷实验研究［J］. 钢铁，2008，43（2）：31~34.

[77] 王书桓，吴艳青，徐志荣，等. 硅还原转炉熔渣气化脱磷热力学分析［J］. 炼钢，2008，24（1）：31~34.

[78] Morita K，Guo M，Oka N，et al. Resurrection of iron and phosphorus resource in steelmaking slags［J］. Journal of Material Cycles and Waste Management，2002（4）：93~101.

2 高磷铁矿石、高磷钢渣的基础性能

2.1 高磷铁矿石物相组成与显微结构

2.1.1 高磷铁矿石的化学成分

实验所用的矿石为湖北宜昌的高磷赤铁矿，该矿石中的铁品位和磷含量分别为 53.96%、1.37%。其他成分见表 2-1。

表 2-1 高磷赤铁矿的化学成分

化学成分	FeO	SiO$_2$	CaO	MgO	Al$_2$O$_3$	S
含量/%	10.14	9.60	4.88	1.10	11.06	0.068

从表 2-1 可知，该矿石为典型的高硅高铝矿石，经过碱度计算可知：

$$R = (CaO + MgO)/(SiO_2 + Al_2O_3) = 0.29 \tag{2-1}$$

因此，该矿石为酸性不自熔矿石。

2.1.2 高磷铁矿石的矿物组成

高磷赤铁矿中各种矿物的组成以及磷化合物的组成都对烧结过程中磷元素的转化都有很大影响，尤其是磷化合物的组成。因此，经过扫描电镜及 XRD 衍射图谱技术，检测出该高磷铁矿是由赤铁矿、磷灰石、绿泥石、石英以及白云石等主要矿物组成，其中赤铁矿是主要的含铁矿物，如图 2-1 所示。

为了进一步确认该矿物中主要矿相的体积分数及嵌布粒度大小，对高磷赤铁矿做了矿相分析。主要矿相的体积分数见表 2-2。

通过矿物学研究得出高磷铁矿石中各矿相的主要粒度大小与各个矿相的嵌布情况如下：

（1）赤铁矿，为主要含铁矿物，多呈隐晶质或胶态形式与脉石矿物互层形成鲕粒，其间被石英或碳酸盐胶结，部分呈胶态状充填于鲕粒之间，少量呈细小针状及他形晶，鲕粒粒度一般为 0.15~0.55mm。

（2）磁铁矿，含量很少，主要呈半自形晶充填于鲕粒间，粒度为 0.1mm。

（3）黄铁矿，为主要含硫矿物，含量较少，主要呈细小他形粒状夹杂于鲕粒中。

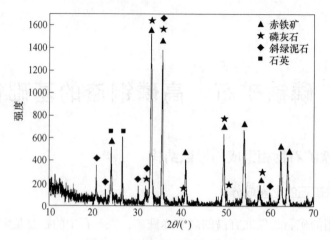

图 2-1　高磷铁矿石 XRD 衍射图

表 2-2　铁精矿中主要矿物组成及体积分数　　　　　（%）

金属矿物			非金属矿物		
赤铁矿	磁铁矿	黄铁矿	碳酸盐	石英	绿泥石
70~75	微量	少量	10~15	7~10	少量

（4）碳酸盐，主要呈他形晶，多与胶态赤铁矿互层形成鲕粒，部分位于鲕粒核心或充填于鲕粒之间，可见碳酸盐脉。

（5）石英，主要呈他形粒状，少量呈细小粒状集合体，多充填于鲕粒之间，少量分布于鲕粒核心，粒度一般为 0.02~0.4mm。

为了确认高磷赤铁矿中磷化物的分子式，对高磷赤铁矿做了扫描电镜分析，如图 2-2 所示。从图 2-2 可以看出，磷化物主要由钙、磷、氧及少量氯和氟组成，与 XRD 分析的含磷化合物的分子式中的元素组成一致。因此，磷化物分子式主要为 $Ca_5(PO_4)_3Cl$ 和 $Ca_5(PO_4)_3F$。

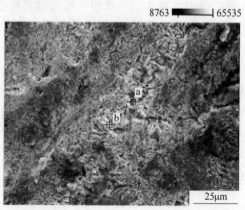

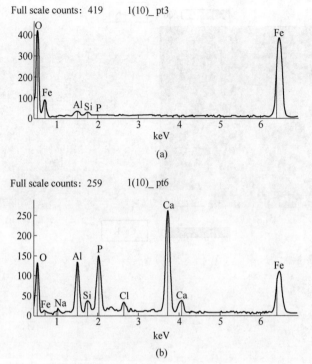

图 2-2 高磷赤铁矿的 SEM 分析

(a) 铁氧化物；(b) 磷化物

2.1.3 高磷赤铁矿的显微结构

为了探究高磷铁矿石脱磷机理，借助实验室的扫描电镜及光学显微镜对高磷赤铁矿的内部结构进行了分析，如图 2-3 和图 2-4 所示。

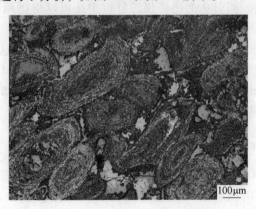

图 2-3 鲕状赤铁矿光学显微镜图

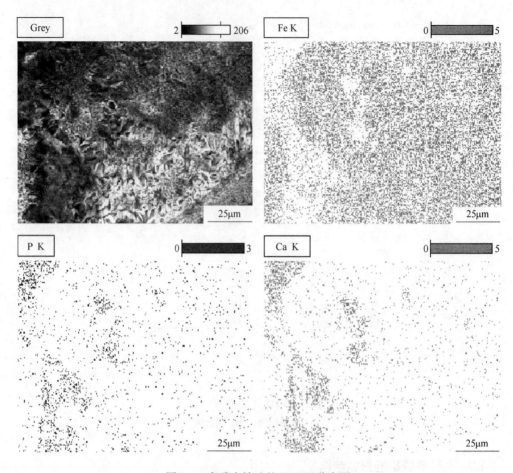

图 2-4 高磷赤铁矿的 SEM 面分布图

从图 2-3 中可知高磷赤铁矿中存在着大量的鲕粒，且鲕粒粒度的大小一般在 0.15~0.55mm 之间。同时从上述矿相的分析中还可以得出鲕粒是由铁矿物与磷化物构成的。此外，从图 2-4 可以看出，磷和钙的密集度是一样的，而含铁元素的矿物与前者截然相反，且钙与磷和铁所在区域层层相间，这与图 2-3 中的鲕状结构是由两种不同矿物环形相间的构成明显一致，因此，从以上论述并结合矿相分析可以确定环形相间的两种矿物分别为赤铁矿和磷灰石，即高磷铁矿石中磷灰石主要呈环状并与赤铁矿构成环形相间的鲕状结构。

2.2 高磷铁矿石比表面积和孔结构

对粒度小于 100 目（150μm）的高磷鲕状赤铁矿进行比表面积和孔径分布的测定，采用美国康塔仪器公司的全自动比表面积和孔径分析仪，吸附气体为 99.999%高纯 N_2，分析前真空加热除杂脱气 10h。

根据文献可知，吸附回线共分为五类，如图 2-5 所示。每一类回线都能反映一定结构的孔，A 类回线吸附线和脱附线的分离发生在中等大小的相对压力处，且两条线都比较陡峭，属于管状毛细孔；B 类回线吸附线在饱和蒸气压处很陡，而脱附线在中等压力处陡峭，属于狭缝状毛细孔；C 类回线脱附线较平缓，属于锥形管状毛细孔；D 类回线脱附线变化非常缓慢，属于尖劈形毛细孔；E 类回线吸附分支缓慢，属于墨水瓶形状。

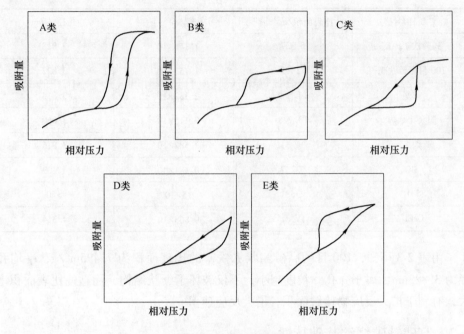

图 2-5　五类吸附回线

高磷鲕状赤铁矿的吸附等温线如图 2-6 所示。可以看出，高磷鲕状赤铁矿的

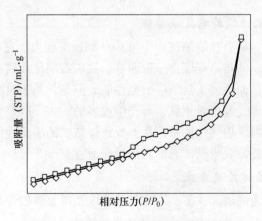

图 2-6　高磷鲕状赤铁矿的吸附等温线

吸附等温线有很明显的"迟滞环",吸附线在饱和蒸气压处很陡,吸附量大,而脱附线在中等压力处有个明显的下降趋势,因而判断该类回线属于 B 类,即狭缝状毛细孔。

根据吸附等温线,结合 BET 法和 BJH 法可以计算出物质的比表面积和孔径分布。参与脱磷反应的所有物质的比表面积、孔容和孔径大小见表 2-3。

表 2-3 参与脱磷反应各物质的比表面积、孔容和孔径大小

试样号	比表面积/$m^2 \cdot g^{-1}$	孔容/$mL \cdot g^{-1}$	孔径 d/nm
高磷铁矿原矿	5.337	1.156×10^{-2}	3.818
100 目高磷铁矿	7.495	1.753×10^{-2}	3.822
焦炭	14.669	2.182×10^{-2}	3.818
阳泉无烟煤	13.728	2.115×10^{-2}	3.060
烟煤	31.31	2.582×10^{-2}	3.816
SiC	0.237	0.181×10^{-2}	4.309
SiO_2	368	15×10^{-2}	>50
$CaCl_2$	1.181	0.868×10^{-2}	4.314

由表 2-3 可知,100 目的高磷鲕状赤铁矿的比表面积为 7.495m^2/g,平均孔径为 3.822nm,属于介孔。粒度越小,不仅破坏了鲕状结构,而且使比表面积增大,有利于扩大反应物接触面积,增大反应速率。

2.3 高磷铁矿烧结基础特性

2.3.1 高磷铁矿同化性能分析

2.3.1.1 同化性能的意义及原理

同化性能是指铁矿石在烧结过程中与 CaO 的反应能力。它表征的是铁矿石在烧结过程中液相生成的难易程度。一般而言,铁矿石同化性越高,则在烧结过程中越易生成液相,从而提高了烧结矿冶金性能。但是,基于对烧结矿的固结和烧结料层透气性的考虑,并不希望铁矿石产生过多的液相,以避免烧结过程中燃烧层过厚而造成烧结料层透气性变差,从而导致烧结矿的冶金性能下降以及减产等一系列的问题。因此,要求铁矿石的同化性能适宜。

2.3.1.2 实验方法及要求

实验所用矿石为高磷赤铁矿、南非赤铁矿以及司家营磁铁矿,三种矿石的化学成分分析结果见表 2-4。

表 2-4　铁矿石的化学成分　　　　　　（%）

化学成分	TFe	FeO	CaO	SiO$_2$	Al$_2$O$_3$	MgO	P
高磷赤铁矿	53.96	10.37	4.88	9.60	11.06	1.10	1.37
南非赤铁矿	64.50	0.26	0.08	3.92	1.43	0.035	0.045
司家营磁铁矿	64.34	3.85	1.02	6.80	0.96	0.83	0.03

　　首先将干燥后的高磷赤铁矿、南非赤铁矿、司家营磁铁矿以及化学纯的 CaO 试剂磨制成小于 100 目的粉状颗粒，接着称量一定质量的高磷赤铁矿、南非赤铁矿、司家营磁铁矿和 CaO 试剂，并分别在 15MPa 的压力下保持 2min 压制成小饼试样，将压制好的小饼放在 TSJ-3 型微型烧结炉的试样座上，其中 CaO 小饼在下，铁矿粉小饼置于其上。待一切准备就绪后，在空气流量为 0.18m^3/h 的条件下，进行升温焙烧。以铁矿粉小饼与 CaO 小饼在接触面上生成略大于铁矿粉小饼一圈的反应物为基准温度，即此时的温度为高磷铁矿石的同化温度。

2.3.1.3　测试结果及分析

　　铁矿粉的同化温度测定结果如图 2-7 所示。通过上述步骤测得高磷赤铁矿、南非赤铁矿及司家营磁铁矿的同化温度有很大的差别，即使同种类的铁矿粉也有所不同，其中司家营磁铁矿的同化温度最高，其次是南非赤铁矿，而高磷赤铁矿的同化温度最低，它们同化温度分别为 1260℃、1150℃和 1100℃。从同化温度上来看，高磷赤铁矿比南非赤铁矿和司家营磁铁矿更容易产生液相，同时从参考文献中得知高磷赤铁矿明显比同为赤铁矿的其他进口矿及磁铁矿的同化温度低[1]，以下是从铁矿物组成和化学成分两个角度出发，分析三种矿同化温度之间的差异。

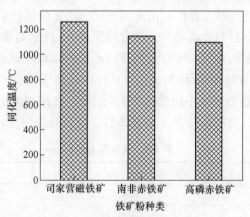

图 2-7　不同铁矿粉的同化温度

　　从高磷铁矿石的矿物组成上来看，赤铁矿的同化温度一般都比磁铁矿低，主要是因为赤铁矿中主要的矿相为 Fe$_2$O$_3$，而 Fe$_2$O$_3$ 更易与 CaO 发生固相反应生成铁酸钙。此外，当矿石中 Fe$_2$O$_3$ 含量高时，Fe$_2$O$_3$ 与 CaO 的接触概率增大，反应速率加快。因此，赤铁矿的同化能力高于司家营磁铁矿。

从三种矿粉的化学成分来看，高磷赤铁矿中 Al_2O_3 和 SiO_2 的含量最高，南非赤铁矿中 Al_2O_3 和 SiO_2 的含量在三种矿中是最少的，而这两种氧化物都有促进 SFCA 生成的作用，从而降低了同化温度。另外，高磷铁矿石中磷元素也可以和硅酸二钙生成低熔点的固溶体[2]，而使烧结液相的温度降低。因此，高磷赤铁矿的同化能力高于南非赤铁矿。

2.3.2 高磷铁矿流动性能分析

2.3.2.1 液相流动性的意义及原理

液相流动性是表征在烧结过程中铁矿石与 CaO 反应生成的液相的流动能力好坏的指标，它代表了黏结相有效的流动范围。虽然铁矿石的同化性揭示了低熔点液相的生成能力，但同化性和熔化温度的高低并不能完全反映有效液相量的多少[3]。一般来说，液相流动性较高时，其黏结周围物料的范围也较大，因此可以提高烧结矿的强度；反之液相流动性过低时，黏结周边物料的能力下降，易导致烧结矿中气孔率增加，从而使烧结矿的强度下降。但是，黏结相的流动性也不能过大，否则周围物料的黏结层厚度会变薄，烧结矿易形成薄壁大孔结构，使烧结矿整体变脆，强度降低，也使烧结矿的还原性变差。由此可见，适宜的液相流动性才能确保烧结矿有效固结，使之生成微孔海绵状结构的烧结矿，从而提高烧结矿的还原性及强度等冶金性能。

2.3.2.2 实验方法及要求

首先将干燥后的高磷赤铁矿、南非赤铁矿、司家营磁铁矿以及化学纯的 CaO 试剂磨制成小于 100 目的粉状颗粒，接着按照 $R=3$ 计算高磷铁矿粉和 CaO 试剂之间的配比，然后混匀称量一定质量的高磷赤铁矿和 CaO 试剂，并把混匀的粉末在 15MPa 的压力下保持 2min 压制成小饼试样。最终压制小饼的高度为 5mm，直径为 8mm，随后将压制好的小饼放在 TSJ-3 型微型烧结炉的试样座上。待一切准备就绪后，在以下气氛的条件下（见表 2-5），进行升温焙烧。

表 2-5 气氛控制表

温度/℃	时间/min	气 氛
室温~600	4	空气（0.18m³/h）
600~1000	1	N₂(0.18m³/h)
1000~1050	1.5	
1050~1140	1	
1140	4	
1140~室温	—	空气（0.18m³/h）

2.3.2.3 液相流动性指数的测定方法

液相流动性指数的表达式为：

$$流动性指数 = \frac{流动面积 - 小饼原始面积}{小饼原始面积} \tag{2-2}$$

设试样原始直径为 d_0，试样流动后的平均直径为 d_1，则有：

$$流动性指数 = \frac{\pi d_1^2/4}{\pi d_0^2/4} - 1 = \left(\frac{d_1}{d_0}\right)^2 - 1 \tag{2-3}$$

显然，流动性指数越好，铁矿石的流动性能越高。

2.3.2.4 测试结果与分析

通过上述公式的计算得出，在 $T = 1140℃$ 时：

$$高磷赤铁矿的流动性指数 = (11/8)^2 - 1 = 0.89 \tag{2-4}$$
$$南非赤铁矿的流动性指数 = (9.5/8)^2 - 1 = 0.41 \tag{2-5}$$
$$司家营磁铁矿的流动性指数 = (8/8)^2 - 1 = 0 \tag{2-6}$$

液相流动性测定结果如图 2-8 所示。从图 2-8 中可以看出在相同的碱度及温度条件下，高磷赤铁矿的流动性能明显好于南非赤铁矿和司家营磁铁矿。

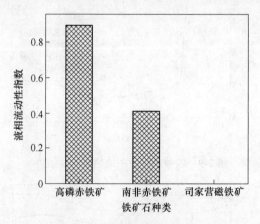

图 2-8　不同铁矿粉的流动性

在相同的碱度条件下，SiO_2 对矿石流动性的抑制作用可以不加考虑，但是高磷铁矿石中的 FeO、MgO 含量明显高于南非赤铁矿且略高于司家营磁铁矿。矿石中 FeO 含量高有利于铁橄榄石以及钙铁橄榄石的生成，并且矿石中 MgO、FeO 含量提高都能促进硅氧配离子解体，降低黏结相的黏度，从而提高高磷铁矿石的流动性。

矿石同化的难易程度对其流动性也具有重要的影响，显而易见的是同化性能好的矿石流动性能也较好，由 2.3.1 节的同化性实验可知，高磷铁矿石的同化能力较强，因而其流动性也较好[4]。

2.4　高磷铁矿石差热-热重性能分析

　　试验采用北京恒久科学仪器厂的HCT-4综合热分析仪对各混合料的差热和热重性能进行扫描测试。试验前，首先将四种矿粉用球磨机磨细至200目以下，然后筛取一定量200目的原矿，与分析纯的生石灰按照碱度为2.0进行混合配料。试验时采用10℃/min的升温速率将样品由室温加热到1350℃，待样品达到预设温度后保存数据。整个加热过程中不采用任何气体进行保护。

2.4.1　四种矿粉的热重分析

　　为了更好地比较四种矿粉的热重测试结果，除了对四种矿粉与生石灰的混合料进行热重测试以外，对四种矿粉的原矿也进行了测试，原矿的热重测试结果如图2-9所示，混合料的热重测试结果如图2-10所示。

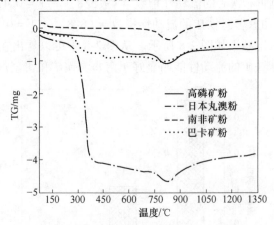

图2-9　四种矿粉原矿的热重测试结果

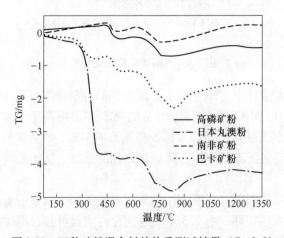

图2-10　四种矿粉混合料的热重测试结果（$R=2.0$）

由图 2-9 和图 2-10 可知，四种铁矿粉无论是在原矿条件下，还是在混合料碱度为 2.0 的条件下，加热过程中都有两段重量明显减少的阶段，即失重阶段。四种矿粉第一失重阶段对应的温度区间有所差别，高磷矿与南非粉在 450℃ 左右开始出现第一阶段的失重，而日本丸澳粉与巴卡粉在 300℃ 左右就开始出现第一阶段的失重，并且该失重阶段要比高磷矿与南非粉的第一失重阶段更明显。四种铁矿粉在第一失重阶段重量减少的原因是矿粉吸收的空气中的水分或是矿粉本身内部结构的结晶水，随着温度的升高，水分开始蒸发，其中日本丸澳粉的第一失重阶段表现最为明显，这是因为日本丸澳粉属于褐铁矿，是以含水氧化铁为主要成分的矿物，内部含水较多，所以失重明显。此外，四种矿粉都存在着不同程度的 $Ca(OH)_2$，$Ca(OH)_2$ 在该温度下的分解也会使矿粉重量减少，化学反应式为：

$$Ca(OH)_2 \Longrightarrow CaO + H_2O \uparrow \tag{2-7}$$

四种矿粉在第一失重阶段之后，都经历一个短暂的平台期，在温度为 650℃ 左右开始同时出现第二失重阶段。这个时候重量的减少是由矿粉中 $CaCO_3$、$FeCO_3$ 的分解造成的，化学反应式为：

$$CaCO_3 \Longrightarrow CaO + CO_2 \uparrow \tag{2-8}$$

$$FeCO_3 \Longrightarrow FeO + CO_2 \uparrow \tag{2-9}$$

四种矿粉的失重变化趋势大致相同，但是失重程度有所差别。其中日本丸澳粉和巴卡粉的失重变化较大，碱度对其失重的影响也比较明显；高磷矿和南非粉的失重变化较小，碱度对其失重的影响不是很明显。

2.4.2 四种矿粉的差热分析

原矿的差热测试结果如图 2-11 所示，混合料的差热测试结果如图 2-12 所示。

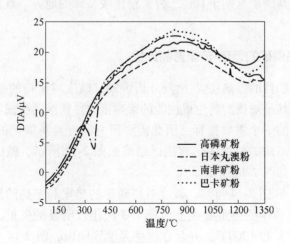

图 2-11 四种矿粉原矿的差热测试结果

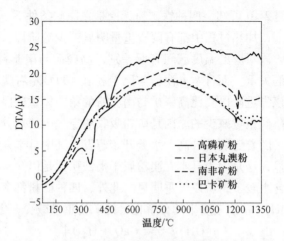

图 2-12   四种矿粉混合料的差热测试结果 （$R=2.0$）

由图 2-11 和图 2-12 可知，相比于四种矿粉的原矿，在混合料碱度为 2.0 的条件下，四种矿粉在两段失重阶段所对应的吸热峰要比原矿中的吸热峰更明显。第一阶段出现的吸热峰是由于矿粉中水分的蒸发和 $Ca(OH)_2$ 的分解吸热造成的；在温度为 1200℃ 时，四种矿粉的原矿没有出现吸热峰，而在混合料碱度为 2.0 的情况下却都出现了吸热峰，说明此时混合料内部发生了吸热反应，CaO 与 Fe_2O_3 反应生成了铁酸钙。其中日本丸澳粉、南非粉和巴卡粉三种矿粉中，南非粉在 1200℃ 时的吸热峰最剧烈，说明南非粉此时生成的铁酸钙含量较多，所需热量较多。这是因为南非粉内部的 SiO_2 含量要比日本丸澳粉和巴卡粉高，在相同碱度条件下配入的 CaO 也较多，导致烧结过程中生成的铁酸钙含量较多。而对于高磷矿而言，其 SiO_2 含量比南非粉的还要高，但是在 1200℃ 时的吸热峰表现的反而最不明显，这是高磷矿有别于其他三种矿粉比较特殊的地方，具体原因有待于进一步研究。

2.4.3   碱度对高磷矿的差热-热重影响分析

由上述四种矿粉的差热-热重比较分析可知，碱度对矿粉的差热-热重变化有一定的影响，尤其是对铁酸钙生成性能的影响很大。铁酸钙生成能力是评价铁矿粉冶炼性能好坏的一个重要指标，因此需要研究碱度对高磷矿的差热-热重变化的影响。碱度对高磷矿热重的影响测试结果如图 2-13 所示，碱度对高磷矿差热的影响测试结果如图 2-14 所示。

结合图 2-13 和图 2-14 可知，碱度对高磷矿的热重和差热的影响趋势大致相同。图 2-13 中高磷矿的热重曲线上出现了 3 次比较明显的失重，对应的温度分别为 450℃、650℃ 和 1200℃，并且在这些温度区间内，图 2-14 中的差热曲线上都出现了不同程度的吸热峰，说明发生了吸收热量的反应导致重量减少。由前面

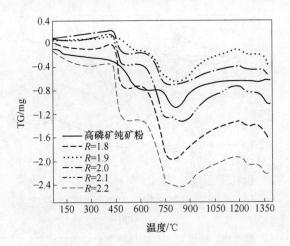

图 2-13　碱度对高磷矿热重影响测试结果

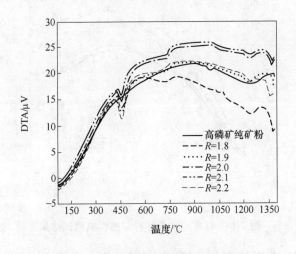

图 2-14　碱度对高磷矿差热影响测试结果

的分析可知，第一次失重是矿粉中水分的蒸发和 $Ca(OH)_2$ 的分解造成的，第二次失重是矿粉中 $CaCO_3$、$FeCO_3$ 的分解造成的，第三次失重是 Fe_2O_3 的分解造成的，同时也有吸热峰出现，说明 CaO 参与了物料内部的化学反应，在 1200℃ 左右与 Fe_2O_3 反应生成了铁酸钙，吸收了热量。

2.4.4　碱度对南非矿粉的差热-热重影响分析

为了便于与高磷矿粉做比较，同样研究了碱度对南非矿粉的差热-热重变化的影响。碱度对南非矿粉热重的影响测试结果如图 2-15 所示，碱度对南非矿粉差热的影响测试结果如图 2-16 所示。

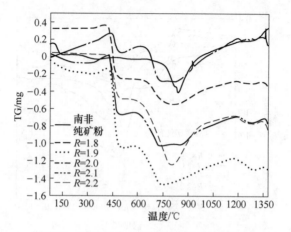

图 2-15 碱度对南非矿粉热重影响测试结果

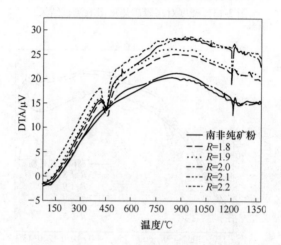

图 2-16 碱度对南非矿粉差热影响测试结果

结合图 2-15、图 2-16 可知，碱度对南非矿粉热重和差热的影响趋势与高磷矿粉大体相同。南非矿粉热重曲线上也出现 3 次比较明显的失重，南非矿粉与高磷矿粉比较明显的区别体现在差热曲线上。在有碱度的条件下，南非矿粉在1200℃左右出现了明显的吸热峰，并且比高磷矿粉在该温度时出现的吸热峰更尖锐，分析可知此时是由于生成了铁酸钙而吸收了热量，说明南非矿粉比高磷矿粉更容易形成液相，这可能与矿石的种类和内部结构有关。

2.5 高磷铁矿烧结性能

2.5.1 原料及燃料化学成分

原料化学成分见表 2-6，燃料焦粉化学成分见表 2-7。

表 2-6 原料化学成分 （%）

原料名称	H_2O	TFe	CaO	MgO	SiO_2	P	TiO_2	Al_2O_3	烧损
高磷铁矿粉	—	56.67	1.42	0.16	7.90	0.60	0.17	5.10	2.50
司家营铁精粉	10.18	64.11	0.37	0.09	6.12	0.03	0.00	0.33	1.50
高返	—	48.66	14.21	3.00	7.11	0.42	0.16	4.49	—
球返	0.00	61.06	1.55	1.45	5.68	0.02	2.14	1.59	—
自产白灰	—	—	76.71	4.32	2.62	—	—	2.12	14.26
轻烧白云石粉	—	—	47.83	34.39	1.85	—	—	1.91	12.40
高炉除尘灰	4.14	29.38	—	—	11.28	—	—	3.61	36.27
污泥	3.45	41.82	21.82	4.80	9.14	0.18	1.11	4.31	5.00

表 2-7 焦粉化学分析 （%）

焦 粉 分 析					焦粉灰分分析	
H_2O	A	V	C	S	SiO_2	Al_2O_3
2.41	17.85	4.10	78.40	0.71	40.10	30.26

2.5.2 烧结实验配比方案

固定碱度为 2.0，MgO 含量为 3.0% 等条件，具体实验方案见表 2-8。

表 2-8 实验方案 （%）

原料及燃料	$P_{0.1}C_{4.14}$	$P_{0.3}C_{4.14}$	$P_{0.5}C_{4.14}$
高磷铁矿粉	14.04	48.10	58.19
司家营铁精粉	45.00	10.00	0.00
高返	25.00	25.00	25.00
球返	1.00	1.00	1.00
自产白灰	8.64	9.83	10.17
轻烧白云石粉	5.32	5.06	4.64
高炉除尘灰	0.50	0.50	0.50
污泥	0.50	0.50	0.50
焦粉	5.28g	5.28g	5.28g
折合配碳	4.14	4.14	4.14

2.5.3 烧结实验结果及分析

2.5.3.1 烧结实验结果

烧结矿物化性能见表 2-9，化学成分见表 2-10。

表 2-9 烧结矿物化性能

实验编号	烧结速度/mm·min⁻¹	混合料水分/%	成品率/%	还原性/%	强度指标/%		低温还原粉化指数/%		
					转鼓指数	抗磨指数	$RDI_{+6.3}$	$RDI_{+3.15}$	$RDI_{-0.5}$
$P_{0.1}C_{4.14}$	16.17	9.80	67.78	70.4	44.7	9.3	41.4	68.2	8.2
$P_{0.3}C_{4.14}$	16.52	9.85	72.14	74.8	50.0	7.0	51.4	78.7	6.6
$P_{0.5}C_{4.14}$	16.17	9.00	70.34	75.7	52.3	6.0	48.6	75.3	6.9

表 2-10 烧结矿化学成分

实验编号	TFe/%	CaO/%	MgO/%	SiO_2/%	P/%	TiO_2/%	Al_2O_3/%	R
$P_{0.1}C_{4.14}$	53.01	12.33	3.00	6.16	0.10	0.05	2.11	2.00
$P_{0.3}C_{4.14}$	50.04	13.57	3.00	6.78	0.30	0.11	3.81	2.00
$P_{0.5}C_{4.14}$	47.41	14.94	3.00	7.47	0.47	0.17	4.87	2.00

2.5.3.2 烧结实验结果分析

图 2-17 给出了烧结矿成品率与转鼓指数的变化趋势。由图 2-17 可知，随着高磷铁矿粉配比的增加，烧结矿的成品率先升高后降低，而转鼓指数持续上升。

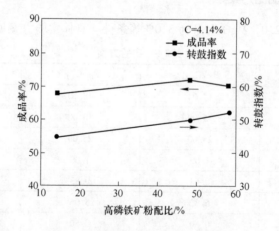

图 2-17 烧结矿的成品率和转鼓指数

由于高磷铁矿中 SiO_2 含量较高，随其配比增加，配加的熔剂相应增多，烧结过程中液相量增加，黏结相增多，使得烧结矿成品率相应提高；而当高磷铁矿粉配比超过 48.10% 时，烧结中出现烧不透现象，4.14% 的配碳已经略显不足，从而导致成品率又有所下降。

显微镜下观察矿样发现：随高磷铁矿粉配比的增加，铁酸钙出现并增多，这使得黏结相强度增强，烧结矿转鼓强度提高。

图 2-18 给出了烧结矿还原性与 $RDI_{+3.15}$ 的变化趋势[5]。由图 2-18 可知，随高磷铁矿粉配比的增加，烧结矿的还原性持续提高，$RDI_{+3.15}$ 先升高后降低。

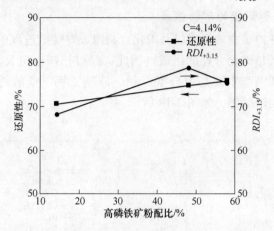

图 2-18 烧结矿的还原性和 $RDI_{+3.15}$

高磷铁矿粉配比和熔剂的增加使得液相量增加，硅酸二钙和铁酸钙增加，磁铁矿和氧化亚铁相应减少，烧结矿还原性提高。

显微镜下观察发现：高磷铁矿配比为 48.10% 的矿样，黏结相和气孔率分布均匀，赤铁矿颗粒均匀分散在黏结相中；而在高磷铁矿配比为 58.19% 的矿样中，发现有较多的赤铁矿颗粒聚集在黏结相中或分布在气孔周围。导致烧结矿低温还原粉化的主要原因是赤铁矿六方晶系还原为磁铁矿立方晶系时产生相变应力，晶格遭到破坏，体积膨胀，产生裂纹。如果赤铁矿周围和内部有一些孔洞存在，这些孔洞可起到缓和应力和阻止裂纹扩散的作用[6]。另外高磷铁矿粉带来的 Al_2O_3 也不容忽视，Al_2O_3 在烧结矿中的固溶所引起的晶面收缩比针状铁酸钙大，产生的内应力也较大，使裂纹变粗、变长，也使得烧结矿低温还原粉化性能恶化[7,8]。

2.6 高磷钢渣理化性能

2.6.1 高磷钢渣的化学成分

实验所用的钢渣为河北省唐钢的高磷钢渣，该钢渣中的磷含量为 1.00%。其他成分见表 2-11。

表 2-11 高磷钢渣的化学成分

化学成分	TFe	CaO	MgO	SiO$_2$	P	Al$_2$O$_3$
含量/%	23.37	33.67	8.97	12.11	1.00	2.96

2.6.2 高磷钢渣的矿物组成及显微结构

2.6.2.1 高磷钢渣的矿物组成

高磷钢渣中各种矿物的组成以及磷化合物组成对烧结过程中磷元素的转化都有很大影响，尤其是磷化合物的组成。因此，经过扫描电镜及 XRD 衍射图谱技术，检测出该高磷钢渣主要是由硅酸二钙、硅酸三钙、铁酸钙及 RO 等矿物组成，而含磷矿物为磷酸钙，如图 2-19 所示。

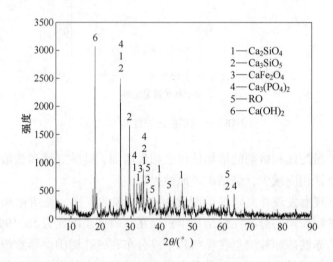

1—Ca_2SiO_4
2—Ca_3SiO_5
3—$CaFe_2O_4$
4—$Ca_3(PO_4)_2$
5—RO
6—$Ca(OH)_2$

图 2-19　高磷钢渣 XRD 衍射图

2.6.2.2 高磷钢渣的显微结构

为了探究高磷钢渣脱磷机理，借助实验室的扫描电镜对高磷钢渣的内部结构进行了分析，如图 2-20 所示。

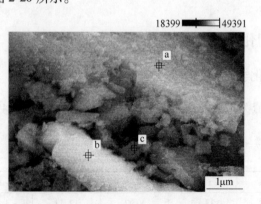

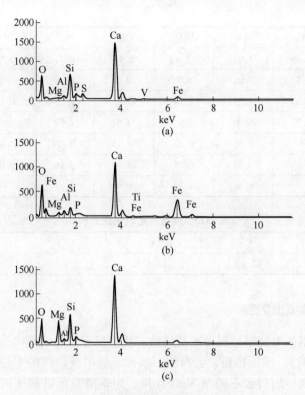

图 2-20 高磷钢渣的 SEM 分析

通过扫描电镜检测到磷酸钙主要与硅酸盐矿物共存，在铁酸钙等矿物中分布很少。磷主要富集在硅酸盐中，而在富铁相中可以忽略不计，这与磷酸钙和硅酸二钙共溶构成磷酸钙与硅酸二钙固溶体的研究结果相一致。此外，通过 XRD 衍射也可以看出磷酸钙对应的峰同时也是硅酸二钙对应的峰，因此也说明磷酸钙存在于硅酸二钙中[9]。

2.7 高磷钢渣烧结性能

2.7.1 实验原料及燃料条件

原料及燃料化学成分由现场提供，见表 2-12 和表 2-13[9]。

表 2-12 烧结用原料化学成分 （%）

矿粉	TFe	SiO$_2$	Al$_2$O$_3$	CaO	MgO	TiO$_2$	Ig
本地碱	63.96	3.25	0.79	2.69	1.83	0.09	0.002
涞源	61.75	3.8	0.79	0	4.94	0.1	0.012
巴西	62.92	5.65	1.54	0.45	0.11	0.08	0.48

矿粉	TFe	SiO$_2$	Al$_2$O$_3$	CaO	MgO	TiO$_2$	Ig
澳矿	57.49	5.04	2.6	0.45	0.11	0.17	0.57
低硅酸	65.33	7.02	0.7	0.6	0.28	0.24	0.019
返矿	54.54	5.53	1.98	11.22	2.15	0.18	0.01
钢渣	23.37	12.11	2.96	33.67	8.97	0.00	0.00
白云石	—	2.68	0.82	38.45	20.21	0.04	35.29
白灰	—	4.22	0.77	73.30	2.90	0.04	18.31
白煤灰分	—	6.36	4.34	0.9	0.11	—	—

表 2-13　烧结用燃料工业分析 （%）

燃料名称	C	A	V	S
白煤	82.16	14.17	1.67	0.69

2.7.2　烧结实验配比方案

为了研究钢渣对烧结过程参数及烧结矿质量指标的影响规律，固定本地碱性精矿粉（本地碱）、涞源精粉、巴西粉、澳矿、返矿及白煤的配加比例，用白灰调整烧结矿碱度，用白云石调整 MgO 含量，用钢渣及低硅酸来调整配比。烧结实验配比见表 2-14[9]。

表 2-14　烧结实验配比 （%）

矿粉	钢渣 0%	钢渣 5%	钢渣 10%	钢渣 15%
本地碱	10.00	10.00	10.00	10.00
涞源精粉	8.00	8.00	8.00	8.00
巴西粉	12.00	12.00	12.00	12.00
澳矿	17.00	17.00	17.00	17.00
低硅酸	26.17	23.55	20.93	17.68
返矿	14.00	14.00	14.00	14.00
钢渣	0.00	5.00	10.00	15.00
白云石	4.90	2.85	0.81	0.30
白灰	7.42	7.08	6.75	5.51
白煤	3.00	3.00	3.00	3.00

2.7.3　烧结实验结果及分析

2.7.3.1　烧结实验结果

根据上述配比方案进行烧结杯实验，主要测定烧结速度、成品率、粒度组成、烧结矿强度和混合料水分等指标。对成品烧结矿缩分取样，进行化学成分分析。烧结矿化验成分及碱度见表 2-15，烧结矿强度、成品率、烧结速度及混合料水分见表 2-16，烧结矿粒度组成见表 2-17，烧结矿冶金性能测定结果见表 2-18。

表 2-15　烧结矿化验成分及碱度

实验编号	烧结矿化验成分/%						R
	TFe	SiO_2	Al_2O_3	CaO	MgO	TiO_2	
钢渣 0%	56.07	5.52	1.42	9.83	2.16	0.16	1.78
钢渣 5%	55.04	5.83	1.52	10.71	2.24	0.18	1.84
钢渣 10%	54.04	6.15	1.62	11.48	2.20	0.16	1.87
钢渣 15%	52.83	6.45	1.73	11.51	2.35	0.11	1.78

表 2-16　烧结杯试验结果

实验编号	转鼓指数/%	烧结速度/mm·min⁻¹	成品率/%	烧损/%	混合料水分/%
钢渣 0%	48.77	18.18	64.72	10.06	8.6
钢渣 5%	53.27	18.37	73.82	11.43	8.4
钢渣 10%	57.10	18.95	77.38	11.75	8.1
钢渣 15%	59.30	18.46	80.51	12.52	7.9

表 2-17　烧结矿粒度组成　　　　　　　　　　(%)

实验编号	>40mm	25~40mm	16~25mm	10~16mm	5~10mm
钢渣 0%	5.22	8.54	8.97	14.63	20.77
钢渣 5%	6.27	12.54	10.63	14.63	20.77
钢渣 10%	7.62	16.84	12.97	16.29	20.04
钢渣 15%	9.10	15.53	15.53	16.65	18.69
脱磷剂	4.67	11.33	12.07	18.73	21.84

表 2-18　烧结矿冶金性能指标测定结果

实验编号	低温还原粉化/%			还原性		荷重软化温度/℃		
	$RDI_{+6.3}$	$RDI_{+3.15}$	$RDI_{-0.5}$	RVI/%·min⁻¹	RI/%	$T_{10\%}$	$T_{40\%}$	ΔT
钢渣 0%	29.5	73.8	5.9	0.52	82.5	1205	1288	83
钢渣 5%	36.0	75.4	6.0	0.50	80.4	1223	1309	86
钢渣 10%	38.4	77.0	5.5	0.50	79.6	1222	1316	94
钢渣 15%	38.4	78.2	5.0	0.48	78.3	1217	1297	80

2.7.3.2　烧结实验结果分析

钢渣配比与烧结矿转鼓强度的关系如图 2-21 所示。由图 2-21 可知，随着钢渣配比的增加，烧结矿的转鼓强度逐渐提高。因为钢渣中本身含有大量的黏结相，且具有较好的流动性，因此配加钢渣后可以增加液相量，并改善了烧结料的黏结条件，从而提高了烧结矿的强度。

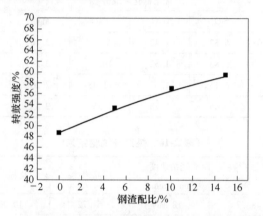

图 2-21　钢渣配比与烧结矿转鼓强度的关系

钢渣配比与烧结矿成品率的关系如图 2-22 所示。由图 2-22 可知，随着钢渣配比的增加，烧结矿的成品率逐渐提高。因为配加钢渣后，烧结矿液相量相对增加，提高了散料烧结成矿量，降低局部烧不透现象及未成块比例，从而提高了烧结矿的成品率。

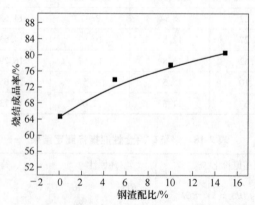

图 2-22　钢渣配比与烧结矿成品率的关系

钢渣配比与烧结矿小粒级含量的关系如图 2-23 所示。从图 2-23 可以看出，随着钢渣配比的增加，烧结矿的小粒级（5~10mm）含量降低，且粒度组成有改善的趋势。

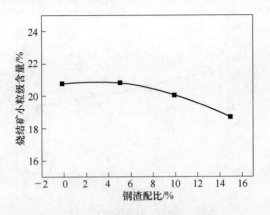

图 2-23　钢渣配比与烧结矿小粒级含量的关系

　　钢渣配比与烧结矿 $RDI_{+3.15}$ 的关系如图 2-24 所示。从图 2-24 可以看出，随着钢渣配比的增加，烧结矿的低温还原粉化性能改善。因为随着配加钢渣含量的增加，烧结矿中磷含量提高，而磷的提高抑制了硅酸二钙相变导致的烧结矿粉化，且磷还可以稳定磁铁矿晶格，使得磁铁矿氧化成赤铁矿受阻。因此，配加钢渣后，烧结矿的低温还原粉化性能提高。

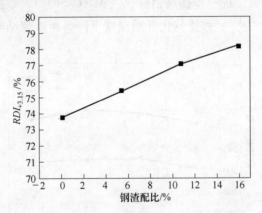

图 2-24　钢渣配比与烧结矿 $RDI_{+3.15}$ 的关系

　　钢渣配比与烧结矿 RI 的关系如图 2-25 所示。从图 2-25 可以看出，随着钢渣配比的增加，烧结矿的还原度（RI）降低。主要是由于钢渣配比增加，导致烧结矿中黏结相铁酸二钙的生成量逐渐升高，而铁酸钙的生成量降低，由于铁酸二钙比铁酸钙更难还原，因此烧结矿的还原度降低。此外，随着钢渣配比的增加，烧结矿中 Al_2O_3 含量增加，而 Al_2O_3 的增加将会导致粗大的菱形赤铁矿以及其中包裹的钛磁铁矿增加，在还原过程中产生的应力大小、方向不同，使烧结矿产生很多还原裂纹而导致碎裂[10]。

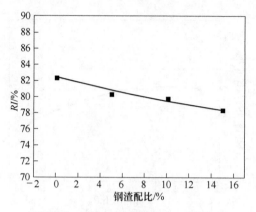

图 2-25 钢渣配比与烧结矿 RI 的关系

钢渣配比与烧结矿软化性能的关系如图 2-26 所示。从图 2-26 可以看出，随着钢渣配比的增加，烧结矿的软化开始温度先升高后降低，并在钢渣配比为 5% 时，烧结矿的软化开始温度达到了最大值。因为随着钢渣配比的增加，烧结矿的黏结相铁酸钙的生成量增加，致使烧结矿的软化开始温度升高，但随着铝硅比（Al_2O_3/SiO_2）的增加，烧结矿的黏结相由硅酸盐转变为高熔点的铁酸一钙，导致软化开始温度升高；进一步提高铝硅比（Al_2O_3/SiO_2），铁酸一钙逐渐转变为复合铁酸钙固溶体[11,12]，致使软化开始温度下降，所以烧结矿软化开始温度出现上述变化趋势。

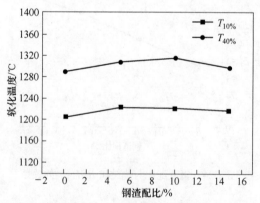

图 2-26 钢渣配比与烧结矿软化性能的关系

参 考 文 献

[1] 阎丽娟，吴胜利，尤艺，等. 各种铁矿粉的同化性及其互补配矿方法 [J]. 北京科技大学

学报，2010，32（3）：298~305.

[2] 蔡光灿，吴胜利，胡玖林.南（昌）钢烧结矿粉化原因分析及改善措施 [J]. 江西冶金，2006，26（4）：18~21.

[3] 吴胜利，刘宇，杜建新，等.铁矿石的烧结基础特性之新概念 [J]. 北京科技大学学报，2002，24（3）：254~257.

[4] 田铁磊.高磷矿烧结脱磷研究 [D]. 唐山：河北联合大学，2012.

[5] 李东亮.高磷铁矿的烧结特性及磷的转化机理 [D]. 唐山：河北联合大学，2012.

[6] 单继国.烧结矿低温还原粉化的研究 [J]. 烧结球团，1989（2）：15~19.

[7] 坂本登，等.烧结矿组织の低温还原粉化性能と矿物学の检讨 [J]. 铁と钢，1984，70（6）：512~519.

[8] 杨华明，邱冠周.Al_2O_3 对烧结矿 RDI 的影响规律 [J]. 钢铁研究学报，1999，11（1）：1~4.

[9] 张伟，刘卫星，李杰，等.高磷钢渣气化脱磷影响因素的实验 [J]. 钢铁，2015（1）：11~14.

[10] 甘勤，何群，黎建明，等.Al_2O_3 在钒钛烧结矿中的行为研究 [J]. 钢铁，2003，38（1）：1~4.

[11] Patrick T，Pownceby M. Stability of silico-ferrite of calcium and aluminum（SFCA）in air-solid solution limits between 1240-1390℃ and phase relationships within the Fe_2O_3-CaO-Al_2O_3-SiO_2（FCAS）system [J]. Metallurgical and Materials Transactions B：Process Metallurgy and Materials Processing Science，2002，33（1）：79~89.

[12] Pownceby M，Clout J. Phase relations in the Fe-rich part of the system Fe_2O_3（-Fe_3O_4）-CaO-SiO_2 at 1240-1300℃ and oxygen partial pressure of $5×10^{-3}$ atm implications for iron ore sinter [J]. Transactions of the Institution of Mining and Metallurgy Section C：Mineral Processing and Extractive Metallurgy，2000，109：36~48.

3　气化脱磷热力学

　　根据已有的热力学数据，利用热力学软件对烧结过程中可能发生的化学反应进行热力学计算，对于气化脱磷反应，主要考虑烧结原料中 Fe_2O_3、C、SiO_2 和各种添加剂对含磷矿物（$Ca_5(PO_4)_3F$）的作用[1~7]。

3.1　碳热还原气化脱磷的热力学分析

3.1.1　碳直接还原氟磷灰石的热力学分析

　　由氧化物氧势图可知，含磷氧化物的氧势线在含铁氧化物之下，因此，在正常配碳的条件下，燃料中作为还原剂的碳主要用来还原 Fe_2O_3。但同时含磷矿物也是分布在碳颗粒周围的，也存在被碳还原的可能性。

　　在传统的烧结过程中，主要以固体焦炭和 CO 气体营造还原气氛，因此有必要研究一下 C 和 CO 还原氟磷灰石的热力学反应。该还原反应的还原产物有可能为 Ca_2SiO_4、$CaSiO_3$、CO、H_2O、P_4、P_2、CaF_2、SiF_4，但根据江礼科[1]的磷矿碳热固态还原反应机理的试验研究可知，在碳的脱磷反应中含氟的反应产物为 SiF_4。

　　碳元素还原高磷赤铁矿的热力学反应式为：

$$4Ca_5(PO_4)_3F + 30C + 11SiO_2 === 10Ca_2SiO_4(1) + 30CO + 6P_2 + SiF_4$$

$$(3-1)$$

$$\Delta G_{(1)}^{\ominus} = -6384.7T + 10247000$$

该反应的开始反应温度为：

$$T_1 = 10247000/6384.7 - 273.15 = 1331.7℃$$

　　但在高磷赤铁矿中磷化物与铁矿物嵌布极细，因此该反应的热力学反应式也有可能为下式，但通过配平可知，含氟化合物只能为 CaF_2，即：

$$2Ca_5(PO_4)_3F + 15C + 9Fe_2O_3 === 9CaO \cdot Fe_2O_3 + 15CO + 3P_2 + CaF_2$$

$$(3-2)$$

$$\Delta G_{(2)}^{\ominus} = -3197.7T + 5310400$$

该反应的开始反应温度为：

$$T_2 = 5310400/3197.7 - 273.15 = 1387.5℃$$

　　当碳含量过高时，磷化物就会与铁矿物被过度还原生成磷化铁，该反应的热力学反应式为：

$$2Ca_5(PO_4)_3F + 24C + 12Fe_2O_3 == 9CaO \cdot Fe_2O_3 + 6FeP + 24CO + CaF_2$$

$$(3-3)$$

$$\Delta G^{\ominus}_{(3)} = -4284.4T + 5588600$$

该反应的开始反应温度为：

$$T_3 = 5588600/4284.4 - 273.15 = 1031.2℃$$

但 FeP 在氧化气氛下极易发生氧化反应，并生成 Fe_2O_3 和 P_2O_5：

$$2FeP + 4O_2 == Fe_2O_3 + P_2O_5 \qquad (3-4)$$

根据式（3-1）~式（3-3）可以计算出 $\Delta G^{\ominus}_{(1)}$、$\Delta G^{\ominus}_{(2)}$、$\Delta G^{\ominus}_{(3)}$ 与温度 T 的关系，如图 3-1 所示。

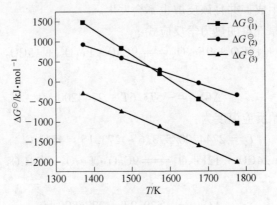

图 3-1 碳直接还原高磷铁矿的 $\Delta G^{\ominus}$-T 图

从图 3-1 及上述计算可以看出：在烧结所涉及的温度范围内，在 1300℃ 左右时式（3-1）~式（3-3）的标准自由能 $\Delta G^{\ominus}$ 均小于 0，即在标准状态时，在烧结反应温度条件下这些反应都有可能发生，但是这些反应中气化脱磷的反应温度较高。另外从反应式（3-3）也可以看出，在烧结过程中碳加得过多，并不适合气化脱磷，反而使得 P 和 Fe 结合生成固体留在烧结矿中。因此，要求配碳量要适宜。

3.1.2 CO 间接还原氟磷灰石的热力学分析

氟磷灰石在烧结过程中也极有可能与 CO 气体发生间接还原反应，因此，有必要讨论一下 CO 气体还原氟磷灰石的热力学反应。该还原反应的还原产物有可能为 CaF_2 或 SiF_4。

CO 还原高磷赤铁矿的热力学反应式为：

$$2Ca_5(PO_4)_3F + 15CO + 4.5SiO_2 == 4.5Ca_2SiO_4(l) + 15CO_2 + 3P_2 + CaF_2$$

$$(3-5)$$

$$\Delta G^{\ominus}_{(5)} = -493.5T + 2389900$$

该反应的开始反应温度为：

$$T_5 = 2389900/493.5 - 273.15 = 4569.6℃$$

$$4Ca_5(PO_4)_3F + 30CO + 11SiO_2 = 10Ca_2SiO_4(1) + 30CO_2 + 6P_2 + SiF_4$$

$$(3-6)$$

$$\Delta G^{\ominus}_{(6)} = -1136.6T + 5114800$$

该反应的开始反应温度为：

$$T_6 = 5114800/1136.6 - 273.15 = 4226.9℃$$

从上述反应式的开始还原反应温度可知，无论氟分子是与硅还是钙结合都无法在烧结过程中生成，并且该反应也不会发生。

而对于强还原气氛的热力学反应式：

$$2Ca_5(PO_4)_3F + 15CO + 9Fe_2O_3 = 9CaO \cdot Fe_2O_3 + 15CO_2 + 3P_2 + CaF_2$$

$$(3-7)$$

$$\Delta G^{\ominus}_{(7)} = -573.6T + 2744200$$

该反应的开始反应温度为：

$$T_7 = 2744200/573.6 - 273.15 = 4511℃$$

$$2Ca_5(PO_4)_3F + 24CO + 12Fe_2O_3 = 9CaO \cdot Fe_2O_3 + 24CO_2 + 6FeP + CaF_2$$

$$(3-8)$$

$$\Delta G^{\ominus}_{(8)} = -579.2T + 2276800$$

该反应的开始反应温度为：

$$T_8 = 2276800/579.2 - 273.15 = 3657.7℃$$

根据式（3-5）~式（3-8）可以计算出 $\Delta G^{\ominus}_{(5)}$、$\Delta G^{\ominus}_{(6)}$、$\Delta G^{\ominus}_{(7)}$ 及 $\Delta G^{\ominus}_{(8)}$ 与温度 T 的关系，如图 3-2 所示。

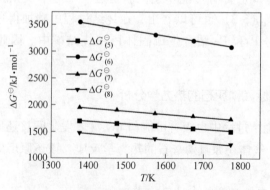

图 3-2 CO 间接还原高磷铁矿的 $\Delta G^{\ominus}$-T 图

从图 3-2 可以看出，在标准状态下，式（3-5）~式（3-8）中的 $\Delta G^{\ominus}>0$，即

气体 CO 根本无法在烧结所能提供的温度下还原氟磷灰石。

考虑到实际烧结过程是非标准状态。烧结过程中存在着空气与碳的反应，由于磷灰石还原温度较高，即反应主要发生在燃烧层，而在该层中碳主要发生的反应是还原反应、燃烧反应及气化反应。因此，燃烧层中主要含有的气体为 CO、CO_2、N_2。而在烧结过程中，对于气氛的划分一般用 $\varphi(CO)/(\varphi(CO)+\varphi(CO_2))$ 的比值来衡量，显然该值越大，烧结过程中的还原气氛越强。根据努尔马甘别托夫[2]的研究可知：在赤铁矿烧结过程中，当配碳量为 4% 时，烧结废气中 $P(CO_2)/P(CO)$ 在 3~4 之间。而由钱士刚[8]的研究可知：燃烧层中气氛属于还原气氛，$P(CO_2)/P(CO)$ 必定小于 1。因此，当 CO 直接还原磷灰石的反应处于非标准状态时，式 (3-5)~式 (3-8) 的还原开始温度将有所降低，但降低幅度不会很大，因此该反应在烧结温度范围内，CO 无法间接还原磷灰石。

3.2 脱磷剂种类选择及热力学分析

3.2.1 添加葡萄糖的热力学分析

从以上碳基分析来看，在 C 和 CO 之中，只有加入 C 才能在烧结温度范围内还原气化脱磷，但是 C 还原高磷赤铁矿的还原温度较高，在烧结所能提供的温度范围内，还原趋势不明显。因此，可以考虑选择其他还原剂对高磷赤铁矿进行还原。

通过使用热力学软件 HSC 计算得出，使用有机物葡萄糖作为还原剂，可以明显降低开始还原温度，从而可以在较低温度下气化脱磷。然而加入葡萄糖后，生成产物可能分别为 Ca_2SiO_4、$CaSiO_3$、CO、H_2O、P_4、P_2、CaF_2、SiF_4，由文献综述可知温度低于 1275℃ 时，生成的磷单质气体为 P_4，而生成产物是 Ca_2SiO_4 还是 $CaSiO_3$ 主要依据烧结矿的碱度来决定，本章以下的分析都以 Ca_2SiO_4 为准，另外，CaF_2、SiF_4 可以根据标准吉布斯自由能的大小来判断[3]。

葡萄糖还原高磷赤铁矿的热力学反应式如下。

生成 CaF_2 的热力学反应式为：

$$2Ca_5(PO_4)_3F + 2.5C_6H_{12}O_6 + 4.5SiO_2 === 4.5Ca_2SiO_4(1) + 15CO +$$
$$15H_2O + 1.5P_4 + CaF_2 \tag{3-9}$$
$$\Delta G_{(9)}^{\ominus} = -5480T + 4497800$$

该反应的开始还原温度为：

$$T_9 = 4497800/5480 - 273.15 = 547.6℃$$

生成 SiF_4 的热力学反应式为：

$$4Ca_5(PO_4)_3F + 5C_6H_{12}O_6 + 11SiO_2 === 10Ca_2SiO_4(1) + 30CO + 30H_2O + 3P_4 + SiF_4$$
$$\tag{3-10}$$

$$\Delta G^{\ominus}_{(10)} = -10667T + 8655200$$

该反应的开始还原温度为:

$$T_{10} = 8655200/10667 - 273.15 = 538.25℃$$

根据式(3-9)和式(3-10)可以计算出 $\Delta G^{\ominus}_{(9)}$ 和 $\Delta G^{\ominus}_{(10)}$ 与温度 T 的关系,如图3-3所示。

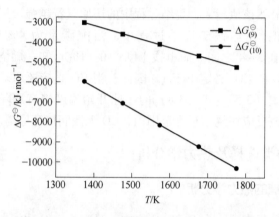

图3-3 葡萄糖还原高磷铁矿的 $\Delta G^{\ominus}$-T 图

从图3-3可以看出,$\Delta G^{\ominus}_{(10)}$ 的值明显比 $\Delta G^{\ominus}_{(9)}$ 低,因此在烧结过程中加入葡萄糖作为还原剂后,应该产生的还原产物为 SiF_4 而不是 CaF_2,并且该反应在烧结过程中反应趋势很明显,同时由于产生 SiF_4 气体,增加了气流量,从而可以携带一部分 P_4 进入气相,促使了 P_4 的外排,有利于气化脱磷。

在高磷赤铁矿中,还有一部分胶磷矿的存在,并与铁矿物胶着在一起,嵌布粒度很细。因此,葡萄糖作为还原剂时,极有可能发生如下反应:

$$2Ca_5(PO_4)_3F + 2.5C_6H_{12}O_6 + 9Fe_2O_3 = 9CaO \cdot Fe_2O_3 + 15CO +$$
$$1.5P_4 + CaF_2 + 15H_2O \tag{3-11}$$

$$\Delta G^{\ominus}_{(11)} = -5326.2T + 4505900$$

该反应的开始还原温度为:

$$T_{11} = 4505900/5326.2 - 273.15 = 572.83℃$$

$$2Ca_5(PO_4)_3F + 4C_6H_{12}O_6 + 12Fe_2O_3 = 9CaO \cdot Fe_2O_3 + 24CO +$$
$$6FeP + CaF_2 + 24H_2O \tag{3-12}$$

$$\Delta G^{\ominus}_{(12)} = -8046.9T + 4842300$$

该反应的开始还原温度为:

$$T_{12} = 4842300/8046.9 - 273.15 = 328.6℃$$

根据式(3-11)和式(3-12)可以计算出 $\Delta G^{\ominus}_{(11)}$ 和 $\Delta G^{\ominus}_{(12)}$ 与温度 T 的关系,如图3-4所示。

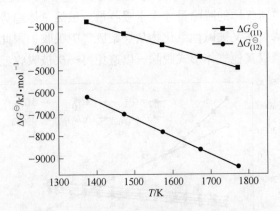

图 3-4 葡萄糖还原高磷铁矿的 $\Delta G^{\ominus}$-T 图

从图 3-4 可知，加入过多的葡萄糖容易生成 FeP，反而使气化脱磷率降低。因此，应该适当控制加入的还原剂量，以抑制强还原气氛，避免磷元素还原过度。

然而还原的 P_4 气体随着烧结废气向下流动过程中，极其容易被下层中 CaO 和 MgO 等碱性氧化物在氧化性气氛下重新吸收生成磷酸盐并进入烧结矿，致使磷元素脱除困难。

在烧结弱氧化气氛下，还原出的 P_4 被氧化成 PO，其反应式为：
$$P_4(g) + 2O_2(g) =\!=\!= 4PO(g)$$
$$P_4(g) + 4O_2(g) =\!=\!= 4PO_2(g)$$

在烧结强氧化气氛下，还原出的 P_2 被氧化成磷酸盐，其反应式为：
$$4CaO + P_4(g) + 5O_2(g) =\!=\!= 2Ca_2P_2O_7 \tag{3-13}$$
$$\Delta G^{\ominus}_{(13)} = 1025.6T - 4168300$$
$$6CaO + P_4(g) + 5O_2(g) =\!=\!= 2Ca_3(PO_4)_2 \tag{3-14}$$
$$\Delta G^{\ominus}_{(14)} = 1040T - 4475200$$
$$6MgO + P_4(g) + 5O_2(g) =\!=\!= 2Mg_3(PO_4)_2 \tag{3-15}$$
$$\Delta G^{\ominus}_{(15)} = 1034T - 3980300$$
$$2Al_2O_3 + P_4(g) + 5O_2(g) =\!=\!= 4AlPO_4 \tag{3-16}$$
$$\Delta G^{\ominus}_{(16)} = 961.8T - 3596900$$

式 (3-10)、式 (3-11) 及式 (3-13)~式 (3-16) 中 $\Delta G^{\ominus}$-T 的关系如图 3-5 所示。

因此，控制气氛对气化脱磷有很大的影响，在强氧化性气氛中，不易以气态磷单质的形式脱除磷元素。从图 3-5 可以看出，在烧结过程的同一反应层中，大约在 900℃ 时，式 (3-10) 中磷气体的脱除量大于吸收量；而只有在 1200℃ 左右时，式（3-11）中磷气体的脱除量才大于吸收量。虽然总体趋势为脱磷，但是在下一反应层中，磷气体又被碱性氧化物从烧结废气中吸收。因此，需要添加其他的有效试剂，使磷以其他气体形式脱除，以避免再一次被吸收。

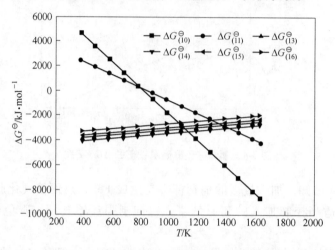

图 3-5　磷灰石的还原与 P_4 氧化的 $\Delta G^{\ominus}$-T 图

3.2.2　添加 SiO_2 的热力学分析

高磷铁矿中的氟磷灰石是比较稳定的物质，且在高温高压条件下都不发生分解，而高磷矿中所含杂质较多，其中 SiO_2 占 7.90%，其对含磷矿物还原的影响不可忽略。对于磷矿石还原的研究表明，磷矿物中若有 SiO_2 存在，可以使氟磷灰石熔点降低，并在较低的温度下发生还原反应，而高磷矿中的 SiO_2 大多是被铁矿石和脉石包裹，含磷矿物中的氟磷灰石与 SiO_2 的接触面积较少。为了在低温下使高磷赤铁矿中的氟磷灰石发生还原反应，应考虑将 SiO_2 作为脱磷剂的一种加入到高磷铁矿中。

通过使用热力学软件 HSC 计算得出，使用 SiO_2 作为脱磷剂加入后，磷矿物开始还原温度降低，烧结过程的温度可实现气化脱磷。加入 SiO_2 后，生成物可能为 Ca_2SiO_4、$CaSiO_3$、CO、P_4、P_2、CaF_2、SiF_4，而产物是 Ca_2SiO_4 还是 $CaSiO_3$ 主要依据烧结矿中 SiO_2/CaO 的比值来决定。此外，江礼科对氟磷灰石碳热固态还原机理做了研究，认为 SiO_2 具有脱氟的作用，其反应式为：

$$4Ca_5(PO_4)_3F + 3SiO_2 = 6Ca_3(PO_4)_2 + 2CaSiO_3 + SiF_4(g) \qquad (3-17)$$

$$2Ca_3(PO_4)_2 + 10C = 6CaO + P_4(g) + 10CO(g) \qquad (3-18)$$

通过使用热力学软件 HSC 计算得出，反应式（3-17）的吉布斯自由能在 2000℃ 时仍远大于零，因此该反应在实验室条件下是不能发生的。

学者刘予成等针对氟磷酸钙碳热还原反应机理进行了进一步研究，并利用热力学软件和 XRD 分析证实，氟磷酸钙单独与二氧化硅混合焙烧在实验室条件下是不能发生脱氟反应的，但在碳元素存在的条件下，二氧化硅可以促进氟磷酸钙还原，反应方程式如下：

$$9SiO_2 + 15C + 2Ca_5(PO_4)_3F = CaF_2 + 9CaSiO_3 + 3P_2(g) + 15CO(g)$$

$$(3-19)$$

$$\Delta G^\ominus_{(19)} = -3038.5T + 4675606$$

反应式（3-19）的开始反应温度为：

$$T_{19} = 4675606/3038.5 - 273.15 = 1266℃$$

$$4Ca_5(PO_4)_3F + 30C + 21SiO_2 = 6P_2(g) + 30CO(g) + 20CaSiO_3 + SiF_4(g)$$

$$(3-20)$$

$$\Delta G^\ominus_{(20)} = -619.36T + 961068$$

反应式（3-20）的开始反应温度为：

$$T_{20} = 961068/619.36 - 273.15 = 1279℃$$

根据反应式（3-19）和式（3-20），通过热力学软件 HSC 计算出反应的吉布斯自由能 $\Delta G^\ominus_{(19)}$、$\Delta G^\ominus_{(20)}$，得到温度与吉布斯自由能的关系，如图 3-6 所示。

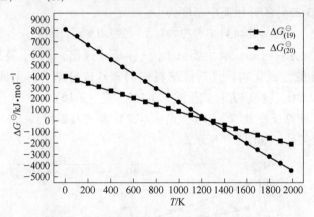

图 3-6　添加 SiO_2 还原氟磷灰石的 $\Delta G^\ominus$-T 图

由图 3-6 可知，反应式（3-19）和式（3-20）在温度高于 1279℃ 时均可以发生，且反应式（3-20）的斜率较大，即反应式（3-20）要比反应式（3-19）更容易进行。由此可见，加入 SiO_2 后，氟磷酸钙的开始还原温度明显降低，且伴随生成的硅酸钙盐产物的顺序可能为：$CaSiO_3 > Ca_3Si_2O_7 > Ca_3SiO_5 > Ca_2SiO_4$。但还原反应仍只能发生在燃烧层，无法实现多层逐步还原，仍需加入其他试剂进一步降低磷矿物还原开始温度，且添加剂需能够降低含磷矿物周围的氧含量，营造还原性气氛，使得生成的磷单质可以随大量产生的一氧化碳气体、二氧化碳气体，以烧结废气的形式排出。

3.2.3 添加 SiC 的热力学分析

在钢铁生产中，SiC 是常用的增碳剂、脱氧剂，且价格相对较低，标准状态下，SiC 的分解温度为 3173℃，在烧结温度范围内，SiC 不发生分解，SiC 与氧元素的反应活性较大，反应可生成稳定的碳氧化物与硅氧化物，利用 SiC 的这些性质，可以增强高磷赤铁矿矿粉颗粒周围的还原性气氛，有利于磷矿物的还原。其反应方程如下：

$$5SiC + 2Ca_5(PO_4)_3F + 4SiO_2 \Longrightarrow CaF_2 + 3P_4(g) + 5CO(g) + 9CaSiO_3$$

$$(3-21)$$

$$\Delta G_{(21)}^{\ominus} = -1128.6T + 1303906.9$$

反应式（3-21）的开始反应温度为：

$$T_{21} = 1303906.9/1128.6 - 273.15 = 882℃$$

$$10SiC + 4Ca_5(PO_4)_3F + SiO_2 \Longrightarrow SiF_4(g) + 6P_4(g) + 10CO(g) + 10Ca_2SiO_4(l)$$

$$(3-22)$$

$$\Delta G_{(22)}^{\ominus} = -2491.8T + 3443406.9$$

反应式（3-22）的开始反应温度为：

$$T_{22} = 3443406.9/2491.8 - 273.15 = 1108℃$$

由上述反应方程可知，磷主要以 P_4 气体形式逸出，而 P_4 极易被氧化形成 P_2O_5，P_2O_5 为酸性氧化物，且与烧结料中的碱性成分结合，生成 $Ca_3(PO_4)_2$、$Mg_3(PO_4)_2$、$AlPO_4$，反应方程式见式（3-14）~式（3-16）。

通过 HSC 计算反应式（3-21）、式（3-22）及式（3-14）~式（3-16），可得到 T 与 $\Delta G^{\ominus}$ 的关系，如图 3-7 所示。

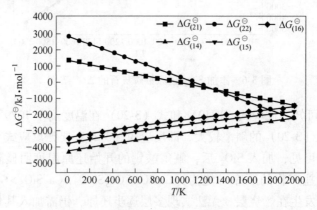

图 3-7　SiC 还原氟磷灰石与 P_4 氧化的 $\Delta G^{\ominus}$-T 图

由图 3-7 可知，在 882℃下，磷矿物开始还原，温度小于 1000℃时，反应式

（3-21）为主要反应；温度大于 1000℃ 时，反应式（3-22）为主要反应。上述反应在 SiO_2 存在的条件下，SiC 可能与 $Ca_5(PO_4)_3F$、SiO_2 反应生成 CaF_2、SiF_4、P_4、CO、$CaSiO_3$、Ca_2SiO_4，SiC 的加入可将磷矿物的开始还原温度降低到 882℃，可以认为 SiC 是脱磷剂的一种有效成分。而在强氧化性气氛中，磷不易以单质的形式脱除，在烧结过程的同一反应层中磷气体很快被碱性氧化物吸收。因此，需要添加其他的有效试剂，使磷与其他元素结合为气体脱除，以避免再次被吸收。

3.2.4 添加 $CaCl_2$ 的热力学分析

$CaCl_2$ 一般在高炉中使用，用于防止 Fe_2O_3 在还原过程中膨胀而造成烧结矿粉化，从而影响高炉的透气性。考虑到 PCl_3 的沸点为 76℃，在高温条件下为稳定气态，如果把脱磷产物转化为 PCl_3，也能起到脱磷效果。在烧结料中添加 $CaCl_2$，一方面是为反应提供 Cl^-，为生成气体 PCl_3 创造条件；另一方面使 $CaCl_2$ 黏附在烧结矿表面或充填在空隙内部，阻碍还原铁氧化物，让更多的还原剂用于还原磷灰石。

添加 $CaCl_2$ 的热力学反应式为：

$$4Ca_5(PO_4)_3F + 2C_6H_{12}O_6 + 20SiO_2 + 18CaCl_2 ====$$
$$19Ca_2SiO_4(l) + 12CO(g) + 12H_2O(g) + 12PCl_3(g) + SiF_4(g) \quad (3-23)$$
$$\Delta G^{\ominus}_{(23)} = -5716.4T + 9081800$$

该反应的开始还原温度为：

$$T_{23} = 9081800/5716.4 - 273.15 = 1315.6℃$$

而和单纯加碳进行对比，得：

$$4Ca_5(PO_4)_3F + 12C + 20SiO_2 + 18CaCl_2 ==== 19Ca_2SiO_4(l) +$$
$$12CO(g) + 12PCl_3(g) + SiF_4(g) \quad (3-24)$$
$$\Delta G^{\ominus}_{(24)} = -3835.8T + 9462300$$

该反应的开始还原温度为：

$$T_{24} = 9462300/3835.8 - 273.15 = 2193.7℃$$

从以上分析可以看出，葡萄糖作为还原剂时，反应开始温度为 1315.6℃，在烧结燃烧层可以实现，但葡萄糖加热熔融后易热解，因此葡萄糖不能作为还原剂；当配碳作为还原剂时，产物中有液态 Ca_2SiO_4 时，开始反应温度极高，为 2193.7℃，烧结过程不能达到该温度。当考虑产物中有 $CaSiO_3$ 时，会有如下反应发生：

$$CaCl_2 + SO_2(g) + O_2(g) ==== CaSO_4 + Cl_2 \quad (3-25)$$
$$\Delta G^{\ominus}_{(25)} = 245.52T - 347922（T < 1144℃ 时，\Delta G^{\ominus}_{(25)} < 0）$$

$$2Ca_5(PO_4)_3F + 9Cl_2 + 9SiO_2 + 15C = 6PCl_3 + 15CO + 9CaSiO_3 + CaF_2$$

$$(3-26)$$

$$\Delta G_{(26)}^{\ominus} = -2302T + 2493411.5$$

$$T_{26} = 810℃$$

此时，气化脱磷反应温度可以降到1144℃以下，该温度在烧结过程可以达到。式（3-25）中的SO_2主要来源于燃料中的硫分，O_2主要是由于烧结抽风负压作用而进入原料。结合式（3-25）和式（3-26），起到脱磷作用的物质是中间产物氯气，氯气由式（3-25）产生，参与到式（3-26）的反应中，产生PCl_3，最终磷元素以含磷气体PCl_3的形式随抽风负压排出，从而起到脱磷效果。

3.2.5 添加金属氧化物 MO 的热力学分析

由上述论述可知，生成产物PCl_3所需温度较高，只有在燃烧层才有适合的温度产生PCl_3，但还原剂葡萄糖沸点较低，在燃烧层不可能存在葡萄糖，因此需要添加其他试剂，使气化脱磷反应的开始还原温度降低，在燃烧层以下时就开始发生反应，以符合其他试剂的物理特性。

添加金属氧化物 MO 的热力学反应式为：

$$4Ca_5(PO_4)_3F + 12MO + 17SiO_2 + 5C_6H_{12}O_6 + 12CaCl_2 =$$
$$16Ca_2SiO_4(l) + 30CO(g) + 30H_2O(g) + 8PCl_3(g) + SiF_4(g) + 4M_3P$$

$$(3-27)$$

$$\Delta G_{(27)}^{\ominus} = -1107T + 9175400$$

该反应的开始还原温度为：

$$T_{27} = 9175400/11071 - 273.15 = 555.6℃$$

但是在该反应中产物M_3P不稳定，将会与氧气和Fe_2O_3反应生成MFe_2O_4和P_2O_5，MFe_2O_4则作为黏结相留在了烧结矿中，而P_2O_5则与碱性氧化物反应生成$Ca_3(PO_4)_2$。该反应式如下：

$$2M_3P + 5.5O_2 + 6Fe_2O_3 = 6MFe_2O_4 + P_2O_5 \qquad (3-28)$$

$$\Delta G_{(28)}^{\ominus} = 2125.9T - 3206600$$

式（3-27）的$\Delta G^{\ominus}$-T的关系如图3-8所示。

3.2.6 钠盐添加剂脱磷的热力学分析

高磷铁矿特殊的显微结构对脱磷有很大的影响，其鲕状结构直接阻止了添加剂与磷灰石的接触，并使其与铁矿物发生反应，而添加剂只能部分与存在于鲕粒之间的磷灰石发生反应，这直接影响了脱磷率。因此，在脱磷之前必须破坏高磷赤铁矿的显微结构。而根据不同层间的化学成分可知，添加少量钠盐可以与高磷

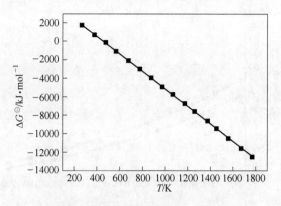

图 3-8 脱磷剂气化脱磷的 $\Delta G^{\ominus}$-T 图

赤铁矿中脉石发生反应。北京科技大学的试验研究表明，Na_2SO_4 和 Na_2CO_3 可与铁矿石中的脉石进行反应，有利于气化脱磷的进行，因此对上述两种试剂进行热力学计算与分析。

将上述的两种试剂加入到高磷赤铁矿中，利用热力学软件 HSC 对其进行热力学计算，试剂与脉石中 SiO_2、Al_2O_3 反应的产物为 $NaAlSiO_4$、SO_2、CO_2。其反应方程如下：

$$Na_2SO_4 + Al_2O_3 + 2SiO_2 + CO(g) =\!=\!= 2NaAlSiO_4 + SO_2(g) + CO_2(g)$$

$$(3\text{-}29)$$

$$\Delta G^{\ominus}_{(29)} = -152.01T + 71543$$

反应（3-29）的开始反应温度为：

$$T_{29} = 71543/152.01 - 273.15 = 197℃$$

$$Na_2CO_3 + Al_2O_3 + 2SiO_2 =\!=\!= 2NaAlSiO_4 + CO_2(g) \qquad (3\text{-}30)$$

$$\Delta G^{\ominus}_{(10)} = -130.13T + 7352.2$$

$$\Delta G^{\ominus}_{(30)} < 0$$

根据上述反应式（3-29）和式（3-30）可得到 T 与 $\Delta G^{\ominus}$ 的关系，如图 3-9 所示。

由图 3-9 可知，反应（3-30）在烧结过程中各阶段均可发生，反应（3-29）开始温度为 197℃，它们都可在温度较低的预热层进行，可以使其他脱磷剂在低温下与更多的磷矿物接触并发生还原，且 Na_2SO_4、Na_2CO_3 与脉石反应生成 SO_2、CO_2 气体，有利于加快磷单质的脱除，使得磷元素可以在低温下以气体形式脱除，实现预热层还原脱磷。

综上，通过碳和脱磷剂对脱磷反应影响的分析，我们可以看出：碳直接作用于高磷矿时，脱磷产物以 P_2 为主，碳含量过高时，高磷矿会被过度还原为 FeP，且碳直接与高磷矿反应脱磷需要较高的温度；CO 几乎不能作为还原剂参与脱磷；

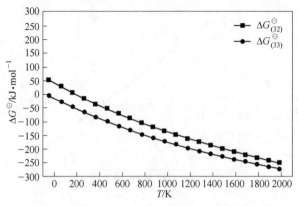

图 3-9 Na_2SO_4、Na_2CO_3 与脉石反应的 $\Delta G^{\ominus}$-T 图

加入葡萄糖，理论上能够降低气化脱磷的反应温度，但考虑到葡萄糖易熔融分解，可能导致脱磷效果欠佳；$CaCl_2$ 可以使脱磷产物转变为 PCl_3；Na_2SO_4 可以破坏高磷矿的鲕状结构，与脉石进行反应后使磷矿物充分裸露，有利于脱磷反应的进行。因此选择碳作为还原剂，$CaCl_2$ 和 Na_2SO_4 作为脱磷剂，较为合适。在没有卤化物（$CaCl_2$）作用下，脱磷产物主要以 P_2 为主，但需要较高的反应温度；添加 $CaCl_2$ 后，把脱磷产物转化为 PCl_3，不仅反应温度极低，而且 PCl_3 得到有效回收利用后可以用来生产农药。反应过程磷的赋存状态变化可能为：

$$\text{氟磷灰石} \xrightarrow{\text{添加脱磷剂}} \text{脱磷产物}$$
$$(Ca_5(PO_4)_3F) \qquad\qquad (P_2、PCl_3 \text{ 等})$$

3.3 气化脱磷优势区图

在烧结条件下，燃料中有还原剂碳的存在，碳颗粒周围能够营造出还原性气氛，在这些还原性气氛区域中氟磷酸钙能够被还原生成 P_2，反应方程式为：

$$2Ca_5(PO_4)_3F + 15C = 3P_2(g) + 15CO(g) + 9CaO + CaF_2 \qquad (3\text{-}31)$$

在弱氧化气氛中，P_2 容易被氧化成为 PO、PO_2，反应方程式为：

$$P_2(g) + O_2(g) = 2PO(g) \qquad (3\text{-}32)$$

$$P_2(g) + 2O_2(g) = 2PO_2(g) \qquad (3\text{-}33)$$

但是，在烧结料层中存在着 CaO、MgO、Al_2O_3 和 Fe_2O_3，若是氧分压 P_{O_2} 过高，则 P_2 容易被氧化为固态磷酸盐留在烧结矿中，使气化脱磷率降低，反应方程式如下：

$$3CaO + P_2(g) + 2.5O_2(g) = Ca_3(PO_4)_2 \qquad (3\text{-}34)$$

$$3MgO + P_2(g) + 2.5O_2(g) = Mg_3(PO_4)_2 \qquad (3\text{-}35)$$

$$Al_2O_3 + P_2(g) + 2.5O_2(g) = 2AlPO_4 \qquad (3\text{-}36)$$

$$Fe_2O_3 + P_2(g) + 2.5O_2(g) = 2FePO_4 \qquad (3\text{-}37)$$

若是在碳含量较高的条件下，局部区域氧分压 P_{O_2} 过低，则 P_2 容易与铁氧化物中被碳还原出的单质铁结合生成 FeP，反应方程式见式（3-3）。

由此可知，烧结过程中的气氛对气化脱磷有一定的影响，氧分压 P_{O_2} 的影响较为复杂，P_{O_2} 过高或过低均不利于气化脱磷。如图 3-8 所示为运用 FactSage 软件绘制的 Fe-P-O 和 Ca-P-O 系及 Mg-P-O 和 Al-P-O 系的优势区图。

由于 Fe、Ca、Mg 和 Al 在有氧的条件下，这四种物质分别与磷的亲和力不同，所以在温度范围一定和氧分压范围一定时，它们随温度和氧分压的变化不同。

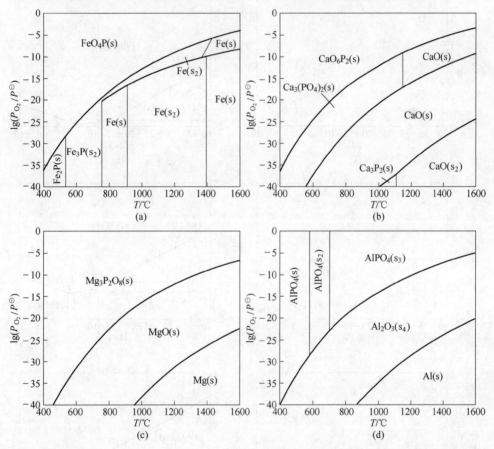

图 3-10 $\lg(P_{P_2}/P^\ominus) = -7$ 时 Fe-P-O 系、Ca-P-O 系、Mg-P-O 系及 Al-P-O 系的优势区图

（a）Fe-P-O 系；（b）Ca-P-O 系；（c）Mg-P-O 系；（d）Al-P-O 系

由图 3-10 可知，对于 Fe-P-O 系，在低温及较高 P_{O_2} 条件下，FePO$_4$ 为稳定相，随着温度升高，FePO$_4$ 分解为铁单质，有利于气化脱磷；在低温及较低 P_{O_2} 条件下，磷则以固态 Fe$_2$P、Fe$_3$P 形式存在，升高温度，磷化铁的稳定性降低，有利于气化脱磷。对于 Ca-P-O 系，氧分压较高时，磷以 CaO$_6$P$_2$、Ca$_3$（PO$_4$）$_2$ 形

式稳定存在，升高温度或降低氧分压，$Ca_3(PO_4)_2$ 分解为 CaO，有利于气化脱磷；但在氧分压过低的情况下，随着温度升高，会生成 Ca_3P_2，不利于脱磷。对于 Mg-P-O 系和 Al-P-O 系，在低温及较高氧分压的条件下，磷以 $Mg_3(PO_4)_2$、$AlPO_4$ 稳定存在，升高温度或降低氧分压，$Mg_3(PO_4)_2$、$AlPO_4$ 分解为 MgO、Al_2O_3，有利于气化脱磷。

图 3-11 为 Fe-P-F 系及 Fe-P-O 系分别在 800℃、1000℃、1200℃（从上至下）

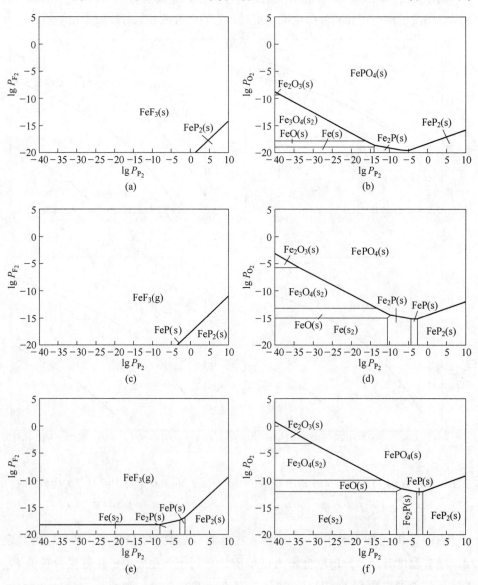

图 3-11　Fe-P-F 系及 Fe-P-O 系在不同温度，磷分压及氟、氧分压下的优势区图
(a)，(c)，(e) Fe-P-F 系；(b)，(d)，(f) Fe-P-O 系

的固相优势区图。由图 3-11 可知，对于 Fe-P-O 体系，在低磷分压的条件下，随着 P_{O_2} 的升高，固相优势区分别为 Fe、FeO、Fe_3O_4、Fe_2O_3、FeO_4P。在氧分压较低的条件下，随着磷分压的升高，磷以 Fe_2P、FeP、FeP_2 的形式保留在固相区。随着温度的升高，FeO_4P 优势区变小，有利于脱磷。因此，氧分压对脱磷的影响较为复杂，在较低磷分压的条件下，略微降低氧分压有利于脱磷，而在较高磷分压的条件下，该体系则无法脱磷。

对于 Fe-P-F 体系，在较低氟分压的条件下，随着磷分压的提高，固相优势区分别为 Fe、Fe_2P、FeP、FeP_2。在相同的磷分压条件下，随着温度升高，Fe-P 优势区扩大，脱磷需要更高的氟分压。而在相同的氟分压条件下，随着温度升高，Fe-F 优势区减小，不利于脱磷。从图 3-11 中还可以看出，随着温度升高，Fe-P 优势区由宽变窄，这与 Fe-P-O 体系优势区图一致。

图 3-12 为反应式（3-34）~式（3-37）在不同温度下对应的平衡氧分压。假设高磷赤铁矿中的磷全部形成磷单质气体，气体总量为 1000mol，即 $\lg(P_{P_2}/P^{\ominus})$ = −2.666。由图 3-12 可知，随着温度升高，磷酸盐的稳定性降低，平衡氧分压升高。四种磷酸盐的平衡氧分压随温度的变化趋势大体相同，但在个别温度区间有所区别，将这些区间放大后如图 3-13 所示。其中，平衡氧分压由高到低依次为 $Mg_3(PO_4)_2$、$FePO_4$、$Ca_3(PO_4)_2$ 和 $AlPO_4$，即 $AlPO_4$ 的稳定性最强，$Mg_3(PO_4)_2$ 的稳定性最差。为防止固态磷酸盐的生成，体系的氧分压必须低于各自反应的最低平衡氧分压。

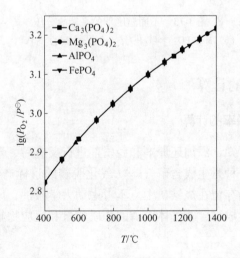

图 3-12　反应式（3-34）~式（3-37）在 $\lg\,(P_{P_2}/P^{\ominus})$ = −2.666
条件下的平衡氧分压

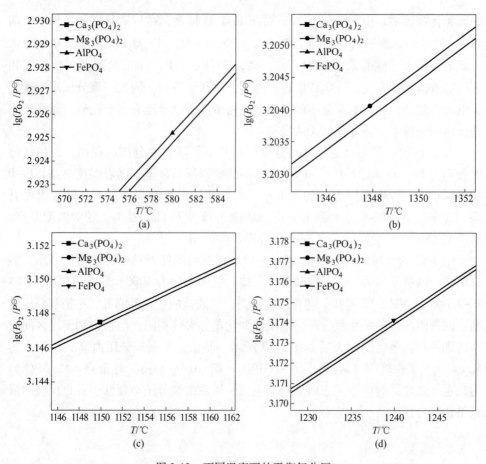

图 3-13 不同温度下的平衡氧分压

（a）$AlPO_4 > FePO_4$；（b）$Mg_3(PO_4)_2 > FePO_4$；（c）$Ca_3(PO_4)_2 > FePO_4$；（d）$FePO_4 > AlPO_4$

3.4 气化脱磷率的计算

3.4.1 最大理论脱磷率的计算

由热力学分析可知，添加还原剂和脱磷剂进行反应后，含磷矿物中的磷元素有两种存在状态：一种是生成含磷气体（气化脱磷的目标产物）；另一种是以固态生成物的形式继续存留在烧结矿中。不考虑动力学条件，原则上最大理论脱磷率为反应完全后，生成物含磷气体中磷的物质的量和反应物氟磷灰石中磷的物质的量的比值，即：

$$P_{脱} = \frac{n_{P_{含磷气体}}}{n_{P_{氟磷灰石}}} \times 100\% \qquad (3-38)$$

式中　$P_{脱}$——最大理论脱磷率；

　　$n_{P_{含磷气体}}$——含磷气体中磷元素的物质的量；

　　$n_{P_{氟磷灰石}}$——氟磷灰石中磷元素的物质的量。

按照式（3-38），根据热力学反应方程式可知，添加脱磷剂后，在完全反应情况下氟磷灰石中的磷元素全部转化为含磷气体，没有生成其他固态含磷物质，最大理论脱磷率可达100%。但是，在烧结生产或实验中，碳主要用于铁矿物的还原和产生热源，很少一部分用于含磷矿物的还原（气化脱磷），导致反应物中很大一部分氟磷灰石反应不完全，仍有部分磷元素存在于烧结矿中。因此，实际生产或实验中脱磷率不可能达到100%。

3.4.2　实验气化脱磷率的计算

在实验中，由于含磷气体量少、难以收集、有毒、难以直接化验等缺点，气化脱磷率一般采用如下公式计算：

$$P' = \left(1 - \frac{P_{烧结矿}}{P_{烧结料}}\right) \times 100\% \qquad (3-39)$$

式中　P'——不考虑烧损的气化脱磷率；

　　$P_{烧结矿}$——烧结矿中磷元素的质量分数，%；

　　$P_{烧结料}$——烧结原料中磷元素的质量分数，%。

但烧结中存在烧损，按照式（3-39）难以真实地反映气化脱磷过程中磷的减少量，因此，为了更真实、更清晰地表征气化脱磷率，如没有特别说明，本书实验中的气化脱磷率以含磷气体中磷的质量与烧结料中磷的质量的比值为准，计算表达式如下：

$$P_{实际} = \left(1 - \frac{m_{烧结矿} P_{烧结矿}}{m_{烧结料} P_{烧结料}}\right) \times 100\% \qquad (3-40)$$

式中　$P_{实际}$——实际气化脱磷率；

　　$m_{烧结矿}$——烧结矿的质量；

　　$m_{烧结料}$——烧结料的质量；

　　$P_{烧结矿}$——烧结矿中磷元素的质量分数，%；

　　$P_{烧结料}$——烧结料中磷元素的质量分数，%。

参 考 文 献

[1] 江礼科，梁斌，邱礼有，等. 氟磷灰石热炭还原的动力学研究 [J]. 成都科技大学学报，1995（5）：1~8.

[2] 努尔马甘别托夫. 铁矿石烧结中燃料与熔剂用量对氧化—还原过程的影响 [J]. 烧结球团, 1995, 20 (5): 35, 36.

[3] 田铁磊. 高磷矿烧结脱磷研究 [D]. 唐山: 河北联合大学, 2012.

[4] 王辉, 邢宏伟, 刘帆. 高磷鲕状赤铁矿烧结过程脱磷的热力学分析 [J]. 河北联合大学学报, 2014, 36 (3): 19~22.

[5] 张伟, 付俊凯, 邢宏伟, 等. 高磷赤铁矿气化脱磷热力学研究 [J]. 钢铁钒钛, 2015, 36 (4): 77~82.

[6] 刘帆. 高磷赤铁矿烧结脱磷机理及脱磷剂研究 [D]. 唐山: 河北联合大学, 2014.

[7] 王辉. 高磷鲕状赤铁矿烧结气化脱磷的研究 [D]. 唐山: 华北理工大学, 2015.

[8] 钱士刚, 黄天正, 程振先. 烧结气氛判定指数 P 的研究 [J]. 烧结球团, 1994, (2): 14~17.

4 气化脱磷动力学

4.1 动力学理论基础

4.1.1 动力学方程

烧结过程气化脱磷反应为气-固反应，气-固反应的一般反应式为：

$$aA\,(g) + bB\,(s) = gG\,(g) + sS\,(s) \tag{4-1}$$

在这个过程中，我们假设反应速度只与转化率 α 和温度 T 或时间 t 有关，因此，在反应中的某一时刻 t 与 α 的关系可用下式表示：

$$\alpha = \frac{W_0 - W_t}{W_0 - W_\infty} \tag{4-2}$$

式中　W_0——反应前的初始试样质量；

　　　W_t——反应时间 t 时刻的试样质量；

　　　W_∞——反应结束后的试样质量。

在非等温、非均相反应当中，用热分析动力学方法研究反应动力学方程可表示为以下形式：

$$\frac{\mathrm{d}\alpha}{\mathrm{d}t} = f(\alpha) \cdot k(T) \tag{4-3}$$

式中　$\dfrac{\mathrm{d}\alpha}{\mathrm{d}t}$——反应速率；

　　　$f(\alpha)$——描述反应机理的函数。

在线性升温条件下，时间和温度可以实现转化，引入升温速率 β，则：

$$\beta = \frac{\mathrm{d}T}{\mathrm{d}t} \tag{4-4}$$

采用同步热分析仪研究反应动力学时，升温速率 β 为定值。

把式（4-4）代入式（4-3）中，可得到线性升温时的动力学方程为：

$$\frac{\mathrm{d}\alpha}{\mathrm{d}T} = \frac{1}{\beta} f(\alpha) \cdot k(T) \tag{4-5}$$

式（4-5）为反应动力学在等温和非等温过程中的最基本的方程，其他形式的方程都是在该方程的基础上演化而来的。

速率常数 k 与反应温度 T 之间的关系遵循阿伦尼乌斯公式：

$$k = A\exp(-E_a/RT) \tag{4-6}$$

式中　　A——指前因子，s^{-1}；

$\quad\quad$ E_a——活化能，J/mol；

$\quad\quad$ R——普适气体常数。

将式（4-3）和式（4-5）代入式（4-6），可得：

$$\frac{d\alpha}{dt} = A\exp(-E_a/RT)f(\alpha) \tag{4-7}$$

$$\frac{d\alpha}{dT} = \frac{A}{\beta}\exp(-E_a/RT)f(\alpha) \tag{4-8}$$

4.1.2　热分析动力学的研究方法

动力学研究根据升温方式不同可分为等温法和非等温法。研究烧结过程气化脱磷反应采用非等温法，非等温法能在从开始到结束的整个温度范围内计算动力学参数，且试验样品用量少。对实验研究数据，主要采用积分法（Ozawa 法）和微分法（Kissinger 法）处理[1]。

4.1.2.1　Ozawa 法

非等温、非均相条件下的动力学方程见式（4-8），Ozawa 法是对式（4-8）的近似变换，可得：

$$\lg\beta = \lg\left[\frac{AE_a}{RG(\alpha)}\right] - 2.315 - 0.4567\frac{E_a}{RT} \tag{4-9}$$

式中，$G(\alpha)$ 为机理函数 $f(\alpha)$ 的积分形式，定义为 $G(\alpha) = \int_0^\alpha \frac{d\alpha}{f(\alpha)}$，而 E_a 可用下面方法求得：在不同 β 下，选择相同转化率 α，则 $\lg\left[\dfrac{AE_a}{RG(\alpha)}\right]$ 是定值。在不同的升温速率下，达到相同转化率 α 时所用的温度不同，分别用 (β_x, T_x) 表示，并计算转化为 $(\lg\beta_x, 1/T_x)$，最后将这些点（3 个点以上）用 Origin 软件拟合成一条直线，然后根据式（4-9）的斜率 $-0.4567E_a/R$ 即可求出反应活化能。

4.1.2.2　Kissinger 法

对式（4-8）进行 Kissinger 法处理，可得到：

$$\ln\left(\frac{\beta}{T_{max}^2}\right) = \ln\left(\frac{RA}{E_a}\right) - \frac{E_a}{R}\frac{l}{T_{max}} \tag{4-10}$$

通过同步热分析仪实验可得到 DTA 曲线，每一条曲线上都有一些吸热峰或放热峰，峰顶所在的温度我们记为 T_{max}，在不同的升温速率下，T_{max} 会有所偏移，记录下不同升温速率下的 T_{max} 值，记为 $(\beta_y,\ T_{maxy})$，转化为 $(\ln(\dfrac{\beta_y}{T_{maxy}^2})$，$1/T_{maxy})$。最后将这些点（3个点以上）用 Origin 软件线性拟合成一条直线，然后根据式（4-10）的斜率 $-E_a/R$ 即可求出反应活化能。

4.1.3 反应机理函数

目前，针对烧结气化脱磷的研究文献很少，有关烧结气化脱磷反应机理函数的文献几乎没有。根据现有的实验数据和研究基础，本节对烧结气化脱磷反应机理函数做初步探索。

反应机理函数表明了化学反应的反应速率 k 与转化率 α 之间所遵循的某种函数关系，Bagchi 等[2]提出用微分法和积分法相结合的方法对非等温（线性升温）动力学数据进行处理以确定反应机理。微分形式和积分形式如下：

$$\frac{d\alpha}{dt} = kf(\alpha) \tag{4-11}$$

$$G(\alpha) = kt = \int_0^\alpha \frac{1}{f(\alpha)} d\alpha \tag{4-12}$$

常见的动力学处理方法（非等温）有 Freeman-Carroll 法（式（4-13））和 Coats-Redfern 法（式（4-14）），表示如下：

$$\ln\left[\frac{d\alpha/dt}{f(\alpha)}\right] = \ln A - \frac{E_a}{RT} \tag{4-13}$$

$$\ln\left[\frac{G(\alpha)}{T^2}\right] = \ln\frac{AR}{\beta E_a} - \frac{E_a}{RT} \tag{4-14}$$

化学反应的动力学模型主要有化学反应、扩散反应、相界反应及成核与生长等，常采用的微分和积分形式的动力学机理函数见表 4-1。

表 4-1　常用化学反应机理函数

模　型		$G(\alpha)$	$f(\alpha)$	反应机理
化学反应	F1	$-\ln(1-\alpha)$	$1-\alpha$	一级反应
	F1.5	$2[(1-\alpha)^{-1/2}-1]$	$(1-\alpha)^{3/2}$	1.5级反应
	F2	$(1-\alpha)^{-1}-1$	$(1-\alpha)^2$	二级反应
扩散控制	D1	α^2	$1/2\alpha$	一维扩散，Parabolic 法则
	D2	$(1-\alpha)\ln(1-\alpha)+\alpha$	$-\ln(1-\alpha)-1$	二维扩散，Valensi 方程
	D3	$[1-(1-\alpha)^{1/3}]^2$	$1.5(1-\alpha)^{2/3}$ $[1-(1-\alpha)^{1/3}]-1$	三维扩散，Jander 方程

续表 4-1

模　型		$G(\alpha)$	$f(\alpha)$	反应机理
相界反应	R1	α	1	一维
	R2	$1-(1-\alpha)^{1/2}$	$2(1-\alpha)^{1/2}$	二维, 收缩圆柱体
	R3	$1-(1-\alpha)^{1/3}$	$3(1-\alpha)^{2/3}$	三维, 收缩球体
成核生长	A2	$[-\ln(1-\alpha)]^{1/2}$	$2(1-\alpha)[-\ln(1-\alpha)]^{1/2}$	随机核化, Aevrami-Erofeev 方程 I
	A3	$[-\ln(1-\alpha)]^{1/3}$	$3(1-\alpha)[-\ln(1-\alpha)]^{2/3}$	随机核化, Aevrami-Erofeev 方程 II

4.2　动力学实验

本节主要采用综合热分析仪, 研究了高磷铁矿气化脱磷的动力学, 获得了 TG-DTA 曲线, 计算了气化脱磷反应活化能, 确定了反应机理函数, 揭示了气化脱磷反应机制[3~5]。

4.2.1　实验设备与参数

4.2.1.1　综合热分析仪

实验的动力学部分采用的实验仪器为北京恒久科学仪器厂生产的 HCT-4 综合热分析仪。仪器设备主要构造共包含三个部分: 差热测量系统、热重测量系统和温度测量系统。实验仪器如图 4-1 所示。

（1）差热采集系统, 采用哑铃型平板式差热电偶。差热电偶将检测到的微伏级差热信号利用直流放大的差热放大器放大到 0~5V, 送入计算机进行测量采集。

（2）热重测量系统, 包括上皿、吊带式天平、不等臂、测量放大器（带有微分、积

图 4-1　实验用综合热分析仪

分校正）、光电传感器、电磁式平衡线圈与电调零线圈等。当试样质量出现变化时, 天平会出现微小倾斜, 这时光电传感器将产生的一个相应极性的信号, 送到测重放大器（输出信号 0~5V）, 经 A/D 转换后, 送到计算机进行绘图处理。

（3）温度控制系统。测温热电偶输出的热电势先经过热敏电阻装在天平主机内的热电偶冷端补偿器, 由温度放大器放大冷端补偿的测温电偶热电势后, 送入计算机, 计算机系统会自动将该热电势的毫伏值转换成摄氏度。

动力学热分析实验主要用来测量与热量有关的物理、化学变化, 如结晶与结晶

热、物质的熔点、熔化热、相变反应热、热稳定性（氧化诱导期）、吸附与解吸、玻璃化转变温度、成分（含量分析、化合、分解、添加剂、脱水等）变化。与实验设备配套使用的 HJ 热分析软件，能够使用微量样品一次采集即可同步得到热重、温度和差热分析曲线，使采集曲线对应性更好，有助于分析辨别物质热效应机理。对 TG 曲线进行一次微分计算可得到热重微分曲线（DTG 曲线），能更清楚地区分相继发生的热重变化反应，精确提供起始反应温度、最大反应速率温度和反应终止温度，方便为反应动力学计算提供反应速率数据，并进行精确的定量分析。

4.2.1.2 仪器参数

热分析软件获得的图像横坐标为温度，纵坐标可以选择绝对质量或质量百分数作为标尺，内置的天平可自动测量样品初始质量，电脑屏幕实时显示质量、炉体温度与样品温度、气路状态等。DSC 数据采集时，测量范围为 $\pm1\sim\pm200mW$，精度为 $\pm0.1\mu W$；差热数据（DTA）采集时，测量范围为 $\pm10\sim\pm2000\mu V$，解析度为 $0.01\mu V$；热重数据采集时，测量范围为 $1\sim200mg$，更换支撑杆后可达 5g，误差为 $0.1\mu g$；温度数据采集时，型号为 HCT-4 的综合热分析仪可测温度范围为室温 $\sim1550\,^\circ\!C$，温度准确度为 $\pm0.1\,^\circ\!C$，升温速率为 $0.1\sim100\,^\circ\!C/min$；仪器内气氛可为真空、保护性气氛和反应气氛；仪器配套的坩埚选择配置为铝坩埚、石墨坩埚、石英坩埚和铂金坩埚。

4.2.2 实验方案

4.2.2.1 仪器和试样

（1）样品：实验用铁矿粉为湖北宜昌高磷鲕状赤铁矿，煤粉为阳泉无烟煤，另有 Fe_2O_3（分析纯）、SiO_2（分析纯）、SiC（分析纯）、Na_2SO_4（分析纯）、$CaCl_2$（分析纯）。

（2）仪器：微机差热天平（TG/DTA 同步热分析仪，北京恒久 HCT-4）。

（3）坩埚：氧化铝坩埚。

（4）实验条件：

1）样品质量为 80mg；

2）气氛条件为 N_2（99.99%）或空气 55mL/min；

3）升温速率：$5\,^\circ\!C/min$、$10\,^\circ\!C/min$、$15\,^\circ\!C/min$、$20\,^\circ\!C/min$；

4）温度范围为 $100\sim1350\,^\circ\!C$。

4.2.2.2 实验方案

已经采用微型烧结实验对气化脱磷过程中脱磷剂的配比做了深入研究，找到了最佳配比，根据脱磷剂的最佳配比对高磷鲕状赤铁矿气化脱磷反应做动力学分析，方案见表 4-2。

表 4-2 动力学实验配比 （%）

样品	高磷矿	Fe_2O_3	SiO_2	SiC	Na_2SO_4	$CaCl_2$	配碳
1号	88.9	0	1.41	1.57	1.34	1.36	4
2号	0	82.69	7.62	1.57	1.34	1.36	4

4.3 实验结果分析与计算

4.3.1 不同升温速率下 TG 曲线分析

对实验试样（主要原料为高磷铁矿）分别以不同的升温速率（10℃/min、15℃/min、20℃/min）进行热分析，截取温度区间为 300~1300℃ 的实验数据，热重曲线如图 4-2 所示。

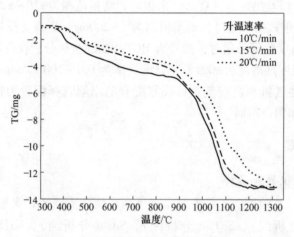

图 4-2 不同升温速率下反应的 TG 曲线

从图 4-2 中可以看到，随着升温速率的增大，热重曲线很有规律地向高温区偏移，根据已有经验可知，加热速率越大，实验测得的温度滞后现象越严重，失重的起始和终止温度测定值就会变得很高，但加热速率过慢，会导致失重曲线钝化，失重现象不明显，对于本实验所研究的气化脱磷反应，加热速率为 10~15℃/min 为宜。

该反应有两段明显失重阶段，第一阶段失重比较缓慢，温度区间跨度大，该阶段有水分的蒸发和燃料挥发分的挥发，但其主要原因是高磷鲕状赤铁矿中 Fe_2O_3 被 C 还原为 Fe_3O_4，产生 CO 气体并外排，并且铁氧化物的还原伴随整个过程。当温度升到 850℃ 以上时，第一阶段反应没有完全结束，第二阶段失重紧接发生，失重速度明显快于第一阶段，由热力学知识可知，$Ca_5(PO_4)_3F$ 的脱磷反应在该阶段发生，产生大量 PCl_3 气体，与 CO、CO_2 一起排除，所以失重迅速，最大失重速率发生在 1050℃（由于升温速率较大，开始反应温度 850℃相比于理论计算值 810℃有所偏移，属于正常现象）。当温度达到 1200℃后，失重曲线逐渐平坦，失重反应结束。

4.3.2 同一升温速率下 TG-DTG-DTA 曲线综合分析

当升温速率为 15℃/min 时，失重曲线（TG）、差热曲线（DTA）和微商热重曲线（DTG）均较为明显，如图 4-3 所示。

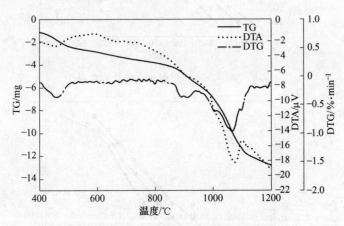

图 4-3 气化脱磷反应 TG-DTG-DTA 曲线

由图 4-3 可以看出，该反应有两段明显失重阶段，由热力学知识可知，第一阶段失重是由于 Fe_2O_3 被还原生成 CO 气体所致；气化脱磷反应发生在第二个失重阶段。在 850℃时，脱磷反应发生，由 DTG 曲线可知，在 1050℃，失重速率达到最大值，且在 DTA 曲线上出现一个非常尖锐的吸热峰，此时，$Ca_5(PO_4)_3F$ 发生剧烈脱磷反应，吸收大量热量，不断生成 PCl_3 气体。

4.3.3 温度对转化率的影响

气化脱磷反应的反应速率可表示为转化率 α 和反应温度 T 的关系。在反应某一时刻 t，转化率可以表示为：

$$\alpha = \frac{M_0 - M_T}{M_0 - M_\infty} \tag{4-15}$$

式中　M_0——反应前的初始试样重量；

M_T——反应温度为 T 时的试样质量；

M_∞——反应结束后的试样质量。

根据式（4-15）计算出两个失重阶段的转化率和温度的关系曲线如图 4-4 和图 4-5 所示。

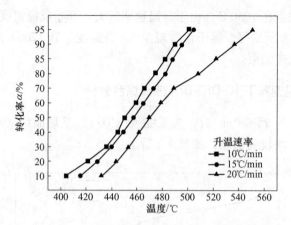

图 4-4 第一阶段转化率和温度的关系曲线

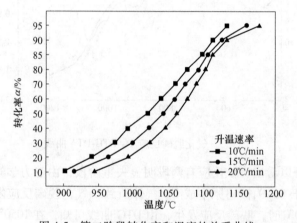

图 4-5 第二阶段转化率和温度的关系曲线

图 4-4 和图 4-5 表明，随升温速率的加快，转化率曲线向高温区偏移。在第一失重阶段，升温速率为 10℃/min 和 15℃/min 时，转化率随温度的升高变化不明显，在 440℃时，转化速率开始变快；当升温速率为 20℃/min 时，500℃之前，转化率随温度变化较快，500℃时，出现明显转折，转化率随温度变化程度减小。在第二失重阶段，1000℃以前，转化程度较为平缓，到达 1050℃后，由于 Cl_2 不断向反应区域内扩散，反应迅速加快，PCl_3 气体不断外排，失重明显增大。

4.3.4 反应活化能计算

4.3.4.1 Ozawa 法

对主要原料为高磷铁矿的试样进行差热分析，所得实验数据见表 4-3 和表 4-4；对主要原料为 Fe_2O_3 的试样在相同实验条件下也进行差热分析，所得实验数据见表 4-5。

表 4-3　高磷铁矿在不同升温速率下反应达到不同转化率时的温度（第一失重阶段）

（℃）

转化率 α/%	β		
	10℃/min	15℃/min	20℃/min
10	404.62	415.93	432.55
20	421.52	429.15	444.39
30	436.04	439.64	453.79
40	444.69	448.98	462.13
50	450.24	457.21	470.06
60	459.14	464.91	479.07
70	465.62	472.79	489.01
80	474.37	481.98	508.46
85	481.56	487.59	522.43
90	489.51	494.91	537.01
95	500.94	503.80	551.22

表 4-4　高磷铁矿在不同升温速率下反应达到不同转化率时的温度（第二失重阶段）

（℃）

转化率 α/%	β		
	10℃/min	15℃/min	20℃/min
10	901.35	914.67	944.62
20	939.89	963.19	992.51
30	973.69	998.09	1023.21
40	991.65	1021.19	1044.93
50	1019.38	1041.56	1061.78
60	1038.19	1057.93	1076.07
70	1059.11	1072.44	1088.44
80	1075.30	1091.56	1102.77
85	1097.37	1103.67	1111.7
90	1111.64	1124.47	1132.21
95	1132.32	1160.17	1178.31

表 4-5　Fe_2O_3 在不同升温速率下反应达到不同转化率时的温度（第二失重阶段）（℃）

转化率 α/%	β		
	10℃/min	15℃/min	20℃/min
10	824	831	842
20	839	851	860
30	859	872	886
40	876	897	915
50	901	923	944
60	925	946	968
70	944	965	990
80	963	983	1010
85	978	993	1019
90	990	1002	1029
95	1008	1013	1039

　　将表 4-3~表 4-5 中的实验数据分别转换为式（4-9）中的相关物理量，将求得的一些点线性拟合为一条直线，根据斜率即可求出反应活化能。以高磷铁矿反应的第二失重阶段 α=60% 为例，将不同升温速率（10℃/min、15℃/min、20℃/min）下的 lgβ 和 1/T 的值列于表 4-6，并以 lgβ 对 1/T 作图，如图 4-6 所示。

表 4-6　lgβ 和 1/T 实验数据

加热速率/℃·min⁻¹	T/℃	T/K	T^{-1}/K⁻¹	lg β
10	1038.19	1311.19	0.0007627	1
15	1057.93	1330.93	0.0007514	1.17609
20	1076	1349.07	0.0007413	1.30103

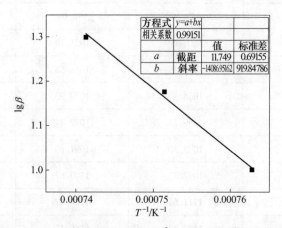

方程式	y=a+bx	
相关系数	0.99151	
	值	标准差
a　截距	11.749	0.69155
b　斜率	-14086.95162	919.84786

图 4-6　Ozawa 法求得的 lgβ 与 T^{-1} 线性最小二乘拟合结果

根据 $\lg\beta$ 与 T^{-1} 拟合后的直线斜率，代入斜率表达式 $0.4567E_a/R$，即可求得该转化率下的反应活化能，$\alpha=60\%$ 时，气化脱磷反应的活化能为 256.45kJ/mol。各个转化率下的反应活化能见表 4-7。

表 4-7 不同转化率下的反应活化能

转化率 $\alpha/\%$	高磷矿（第一失重阶段）		高磷矿（第二失重阶段）		Fe_2O_3（第二失重阶段）	
	$E_a/kJ \cdot mol^{-1}$	$E_{平均}/kJ \cdot mol^{-1}$	$E_a/kJ \cdot mol^{-1}$	$E_{平均}/kJ \cdot mol^{-1}$	$E_a/kJ \cdot mol^{-1}$	$E_{平均}/kJ \cdot mol^{-1}$
10	92.01		169.62		225.16	
20	113.41		168.55		217.82	
30	138.00		178.88		215.61	
40	148.75		181.73		175.63	
50	142.36		223.46		157.65	
60	140.04	104.71	256.45	250.55	156.39	168.80
70	123.34		336.58		142.26	
80	83.02		340.49		135.75	
85	61.24		350.98		143.09	
90	57.17		298.35		139.84	
95	52.53		242.01		147.60	

一般情况下，在一定的温度区间内，各个转化率下的活化能变化不大，不同转化率下活化能的平均值在一定程度上可以代表该温度区间上的活化能。从表 4-7 可以看出，高磷矿气化脱磷反应的第一失重阶段平均活化能为 104.71kJ/mol，第二失重阶段平均活化能为 250.55kJ/mol；当主要原料为 Fe_2O_3 时，在主要原料为高磷矿的实验条件下进行动力学实验，反应平均活化能为 168.80kJ/mol。在高磷矿为主要原料的实验中，第二失重阶段的活化能明显高于第一阶段；在相同温度区间内，主要原料为 Fe_2O_3 的实验中，第二失重阶段的活化能远低于主要原料为高磷矿的第二失重阶段的反应活化能。

在高磷矿的气化脱磷反应过程中，伴随着诸多的物理化学变化，主要包括水分蒸发、挥发分挥发、铁氧化的还原和气化脱磷反应等。

根据热力学计算，我们可以知道，第一阶段的失重反应主要是由铁氧化的初步还原造成的，在这个过程中，伴随着原料中水分的蒸发和燃料中挥发分挥发，且只需获得少量的能量就能达到反应条件。

在失重第二阶段（800℃ 以后），既有铁氧化物的进一步还原，也有含磷矿物的还原。由于很难制取磷矿物（$Ca_5(PO_4)_3F$），所以只能使用原矿进行实验，通过纯净 Fe_2O_3 的对比实验，间接获得 $Ca_5(PO_4)_3F$ 还原所需活化能。该方法能够粗略地表观磷矿物还原所需能量，从表 4-7 可以看出，高磷矿反应的活化能比 Fe_2O_3 高 81.75kJ/mol，可以推断主要原因是由于高磷矿失重反应第二阶段包含铁矿物和磷矿物的还原，而 Fe_2O_3 在第二阶段只包含铁矿物的还原，因而在高磷矿反应的第二阶段需要更高能量反应才能够发生。

4.3.4.2　Kissinger 法

Kissinger 法求解活化能是假定差热曲线上在峰顶温度 T_{max} 处反应速率达到最大值，且认为式（4-10）是和反应级数无关的。以高磷矿第二失重阶段为例，记录不同程序升温速率 β 下，达到峰顶温度的温度值，并转化为 $1/T_{max}$ 和 $\ln(\beta/T_{max})$，见表 4-8。

表 4-8　不同升温速率下的 $\ln(\beta/T_{max})$ 与 $1/T_{max}$ 值（第二失重阶段）

升温速率/℃·min^{-1}	T/℃	T_{max}/K	T_{max}^{-1}/K^{-1}	$\ln(\beta/T_{max})$
10	1046	1319	0.00075815	−12.06667321
15	1071	1344	0.00074404	−11.69876084
20	1084	1357	0.00073692	−11.43033105

将表 4-8 中的数据用 Origin 软件线性拟合为一条直线，相关系数代表拟合优化程度，把斜率值代入 $-E_a/R$ 即可求出反应活化能，如图 4-7 所示。

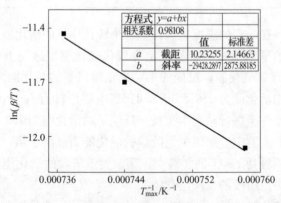

图 4-7　$\ln(\beta/T_{max})$ 和 $1/T_{max}$ 线性拟合结果（第二失重阶段）

由图 4-7 可以看出，相关系数为 0.98108，拟合结果和拟合数据接近，拟合结果较好，拟合后曲线斜率为 −29428.2897，代入 $-E_a/R$ 后，得到反应活化能为 244.67kJ/mol，与 Ozawa 法计算出的活化能 250.55kJ/mol 基本保持一致，说明气化脱磷反应在温度为 950±100℃ 的活化能计算结果是准确的。

结合 Ozawa 法和 Kissinger 法的结算结果可以看出，原料为高磷矿的反应在失重第二阶段活化能约为 250.55kJ/mol（Kissinger 法为 244.67kJ/mol），而原料为

Fe_2O_3 的反应在失重第二阶段反应活化能为 168.80kJ/mol，我们可以推断高磷矿参加的反应活化能之所以高于 Fe_2O_3，主要是因为含磷矿物（$Ca_5(PO_4)_3F$）参加了反应，相关反应的热力学分析在第 2 章已详细给出。

4.3.5 反应机理函数的确定

烧结气化脱磷过程包含两段明显失重反应，第一失重阶段（400~800℃）主要为铁矿物的初步还原；而磷矿物在 850℃ 以后开始被碳还原，处于第二失重阶段。研究烧结过程的气化脱磷反应机理主要是研究失重最剧烈的第二阶段（脱磷反应阶段），根据实验数据，按照表 4-1 列出的机理函数进行数据处理，并应用最小二乘法拟合曲线，计算表观活化能 E_a 和相关系数 r。比较两种方法计算得到的 E_a 和 r，其中两种方法计算得到的活化能数值均和前面计算得到的反应活化能数值相近，且相关性最好（$r \approx 1$）的机理函数为最可能的反应机理。拟合结果见表 4-9。

表 4-9　不同动力学机理函数的动力学参数

序号	机理函数	Freeman-Carroll 法		Coats-Redfern 法	
		E_a	r	E_a	r
1	F1	232.76	0.97182	192.90	0.99177
2	F1.5	304.56	0.99012	231.35	0.97675
3	F2	376.30	0.9833	274.85	0.95766
4	D1	242.10	0.83819	284.19	0.99707
5	D2	261.52	0.90723	272.01	0.99962
6	D3	85.20	0.42086	361.81	0.99797
7	R1	127.78	0.75634	131.32	0.99642
8	R2	161.00	0.85082	159.57	0.99931
9	R3	184.94	0.91327	170.10	0.99784
10	A2	125.53	0.88287	85.66	0.99002
11	A3	89.79	0.77047	49.94	0.98761

由表 4-9 可以看出，Freeman-Carroll 法计算的表观活化能接近 250.55kJ/mol 的有 232.76kJ/mol、242.10kJ/mol、261.52kJ/mol，所对应的机理函数为 F1、D1、D2，相关系数分别为 0.97182、0.83819、0.90723，应用 Coats-Redfern 法计算得到的表观活化能接近 250.55kJ/mol 的有 231.35kJ/mol、274.85kJ/mol、284.19kJ/mol、272.01kJ/mol，所对应的机理函数为 F1.5、F2、D1、D2，相关系数分别为 0.97675、0.95766、0.99707、0.99962，两种方法计算结果取交集，则 D1 和 D2 为可能的机理函数，但两种方法拟合的相关系数，D2 的拟合结果明显

优于 D1，因此，烧结气化脱磷反应的最可能的反应机理函数为 D2，即二维扩散 Valensi 方程。其微分形式为：

$$f(\alpha) = -\ln(1-\alpha) - 1 \qquad (4\text{-}16)$$

其积分形式为：

$$G(\alpha) = (1-\alpha)\ln(1-\alpha) + \alpha \qquad (4\text{-}17)$$

参 考 文 献

[1] 胡荣祖，史启祯. 热分析动力学分析 [M]. 北京：科学出版社，2001.

[2] Bagchi T P, Sen P K. Kinetics of densification of powder compacts during the initial of sintering with constant rates of heating. A thermal analysis approach (Ⅱ): Haematite compacts [J]. Thermochimica Acta, 1981, 15: 175.

[3] 张伟，付俊凯，王辉，等. 高磷赤铁矿气化脱磷反应活化能研究 [J]. 烧结球团，2015, 40 (4): 12~15.

[4] 张伟，王辉，邢宏伟，等. 高磷鲕状赤铁矿气化脱磷动力学研究 [J]. 矿冶工程，2015, 35 (3): 79~82.

[5] 王辉. 高磷鲕状赤铁矿烧结气化脱磷的研究 [D]. 唐山：华北理工大学，2015.

5 脱磷剂对脱磷率的影响

为研究脱磷剂对气化脱磷的影响，采用微型烧结实验手段，针对不同种类、不同配比的脱磷剂对烧结气化脱磷率的影响进行了热态实验[1]。

5.1 单一脱磷剂对气化脱磷的影响

5.1.1 含碳原料及配碳量对气化脱磷的影响

5.1.1.1 含碳原料及配碳量对气化脱磷影响的实验

实验研究了燃料种类和配碳量对烧结气化脱磷的影响。在900℃时，燃料种类及配碳量对气化脱磷影响的实验方案见表5-1。

表 5-1 配碳量对气化脱磷的影响实验方案

燃料 1	编号	配碳量/%	燃料 2	编号	配碳量/%	燃料 3	编号	配碳量/%
	1 号	3		6 号	3		11 号	3
	2 号	3.5		7 号	3.5		12 号	3.5
酒泉烟煤	3 号	4	阳泉无烟煤	8 号	4	焦煤混合物	13 号	4
	4 号	4.5		9 号	4.5		14 号	4.5
	5 号	5		10 号	5		15 号	5

5.1.1.2 含碳原料及配碳量对气化脱磷影响的实验结果分析

实验选取酒泉烟煤、阳泉无烟煤和焦煤混合物为燃料和还原剂，分析含碳原料及配碳量对气化脱磷的影响，实验结果如图5-1所示。

由热力学分析可知，碳还原含磷矿物只有在高温时能才发生，但在实验温度下仍然检测出磷含量有所降低。由图5-1可知，在相同的温度下，三种煤的脱磷效果的顺序为：酒泉烟煤>阳泉无烟煤>焦煤混合物。但随着配碳量的增加，三种

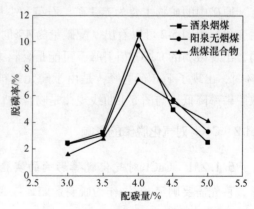

图 5-1 900℃时配碳量对气化脱磷的影响

煤对气化脱磷的影响趋势大体相同。当配碳量小于 3.5% 时，气化脱磷率很低，这是由于配碳量过低，降低了碳和氟磷灰石的接触机会，脱磷反应难以发生；当配碳量大于 3.5% 时，气化脱磷率急剧上升，在 4% 时达到最大值；而当配碳量过高时，脱磷率没有继续升高，反而降低，这是因为碳颗粒周围有较强的还原性气氛，铁氧化物和含磷矿物被碳同时还原生成 FeP，FeP 和 O_2、CaO 反应生成 $Ca_3(PO_4)_2$，产物留在了烧结料中，脱磷率降低[2]。

为了探明低温下燃料对磷矿物的作用机理，选配碳量为 0、3%、4%、5% 的焙烧产物，对其进行 X 射线衍射分析[3]，如图 5-2 所示。

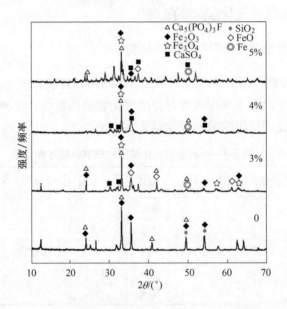

图 5-2　不同配碳量时焙烧产物的 XRD 衍射图谱

原矿中的矿物主要为赤铁矿、石英和少量的氟磷灰石，经过焙烧后，物相发生变化。由图 5-2 可以看出，配碳量为 4% 时，$Ca_5(PO_4)_3F$ 的衍射峰强度明显减弱，出现微弱的 $CaSO_4$ 衍射峰，可能是燃料中 H_2S 参与了脱磷反应；当配碳量为 5% 时，出现了 FeP 衍射峰，是由于磷元素被过度还原，产物留在烧结矿中，导致脱磷率降低，与图 5-1 曲线规律是吻合的，因此配碳量并不是越高越好。

5.1.2　$CaCl_2$ 对气化脱磷的影响

5.1.2.1　$CaCl_2$ 对气化脱磷影响的实验

首先需要确定 $CaCl_2$ 作为脱磷剂的最佳实验温度，为此进行了微型烧结实验，实验方案见表 5-2。

表 5-2 不同温度下添加 $CaCl_2$ 气化脱磷率的测定结果

温度/℃	配碳量/%	$CaCl_2$ 含量/%	磷含量/%	气化脱磷率/%
500	4	1.31	1.19	3.36
700	4	1.31	1.12	9.05
900	4	1.31	1.03	16.35
1100	4	1.31	1.07	13.11

由表 5-2 可知，在 900℃时，烧结气化脱磷率最高，因此将 900℃作为 $CaCl_2$ 对烧结气化脱磷影响实验的实验温度，实验方案、焙烧产物的磷含量及气化脱磷率见表 5-3。

表 5-3 $CaCl_2$ 配比对气化脱磷影响的实验方案及实验结果

温度/℃	配碳量/%	$CaCl_2$/%	磷含量/%	气化脱磷率/%
900	4	0.04	1.23	1.60
900	4	0.09	1.20	3.23
900	4	0.17	1.15	7.26
900	4	0.40	1.06	14.52
900	4	0.69	1.04	15.45
900	4	1.36	1.01	17.21
900	4	2.64	1.03	14.88
900	4	5.23	1.02	13.56
900	4	7.65	1.00	13.04

5.1.2.2 $CaCl_2$ 对气化脱磷影响的实验结果分析

按照表 5-3 的实验方案进行烧结气化脱磷实验，实验结果如图 5-3 所示。

由图 5-3 可知，随着 $CaCl_2$ 加入量的增加，脱磷率先增加后降低，根据热力学计算，$CaCl_2$ 在低温下不易挥发，与 SO_2 气体反应生成 Cl_2，Cl_2 与 $Ca_5(PO_4)_3F$ 反应生成稳定的 PCl_3 气体穿过料层进入空气中，PCl_3 气体不易与碱性矿物反应，从而提高了脱磷率；根据脱磷曲线的趋势，在 $CaCl_2$ 加入量小于 1.36%时，由于添加 $CaCl_2$ 后使生成的气体由 P_4 变成 PCl_3，避免 P_4 在遇到氧气后重新被氧化，其脱磷率提高，且在添加量为 1.36%时达到最大值 17.21%；但当 $CaCl_2$ 的加入量大于 2.61%时，过多的 $CaCl_2$ 随 CO 逸出，且矿粉中的 SO_2 有限，并不能与全部的 $CaCl_2$ 反应，从而降低了气化脱磷率；$CaCl_2$ 中的 Cl^- 会与反应过程中生成的 $Ca_3(PO_4)_2$ 反应生成更为稳定的 $Ca_5(PO_4)_3Cl$，残留在矿物中，从而使气化脱磷率下降；当 $CaCl_2$ 加入量为 7.65%时，脱磷率有所增加，但仍没有加入量为 1.36%时的效果好，并且大量 Cl^- 的引入会影响到烧结废气处理系统，因此不用太高的加入量。因此 $CaCl_2$ 的加入可以有效提高高磷赤铁矿的脱磷率，并且在 $CaCl_2$ 的加入量为 1.36% 时为最佳[4]。

为进一步探究添加 $CaCl_2$ 为脱磷剂的脱磷机理，对加热温度为 900℃，$CaCl_2$ 配加量为 0.04%、0.17%、0.40%、1.36%、2.64%、7.56% 的焙烧产物进行 XRD 衍射分析。分析图谱如图 5-4 所示。

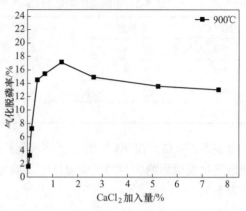

图 5-3 $CaCl_2$ 配比对脱磷率的影响

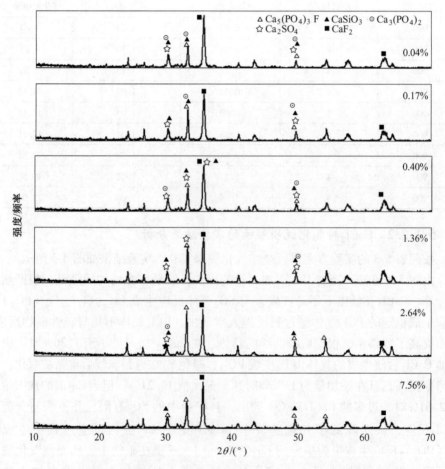

图 5-4 不同 $CaCl_2$ 加入量时焙烧产物的 XRD 衍射图谱

由图 5-4 可知，加入 $CaCl_2$ 并加热到 900℃，磷矿物就可以开始发生还原反应，$Ca_5(PO_4)_3F$ 的衍射峰值明显降低，且图中有 CaF_2 波峰出现；$CaSO_4$ 波峰的出现说明低温下，生成的 Cl_2 与 $Ca_5(PO_4)_3F$ 反应生成 PCl_3 气体随废气排出；生成的硅酸盐主要为 $CaSiO_3$ 和 Ca_2SiO_4；随 $CaCl_2$ 加入量的增加 $CaSO_4$ 的生成量并没有明显增加，因此，$CaCl_2$ 的过量加入不能提高气化脱磷率，反而加入的 $CaCl_2$ 会与反应过程中生成的 $Ca_3(PO_4)_2$ 反应生成更为稳定的 $Ca_5(PO_4)_3Cl$，残留在矿物中，从而使气化脱磷率下降。

5.1.3 SiO_2 对气化脱磷的影响

5.1.3.1 SiO_2 对气化脱磷影响的实验

为研究 SiO_2 对烧结气化脱磷的影响，分别配加不同比例的 SiO_2 作为脱磷剂，进行微型烧结实验，实验方案及实验结果见表 5-4。

表 5-4 SiO_2 配比对气化脱磷影响的实验方案及实验结果

温度/℃	配碳量/%	SiO_2/%	磷含量/%	气化脱磷率/%
1100	4	1.41	1.05	9.48
1300	4	0.00	1.30	2.52
1300	4	0.18	1.14	4.20
1300	4	0.35	1.10	7.56
1300	4	0.71	1.05	11.02
1300	4	1.41	0.99	14.66
1300	4	2.83	1.01	12.17
1300	4	4.24	1.02	10.53
1300	4	4.95	1.02	8.93

由表 5-4 可知，当温度为 1100℃ 时，SiO_2 配加量为 1.41% 时，脱磷率仅为 9.48%。随着温度的升高，SiO_2 活性增强，可以加速磷矿物的还原过程，从而提高了脱磷率。

5.1.3.2 SiO_2 对气化脱磷影响的实验结果分析

按照表 5-4 的实验方案进行烧结气化脱磷实验，实验结果如图 5-5 所示。

由图 5-5 可以看出，温度为

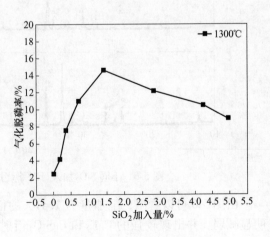

图 5-5 SiO_2 加入量对脱磷率的影响

1300℃时，SiO_2加入量对高磷赤铁矿气化脱磷率有明显的影响。随着 SiO_2 加入量的增加，高磷赤铁矿的气化脱磷率先增加后降低，并在加入量为 1.41% 时，气化脱磷率达到最高，为 14.66%；适量的 SiO_2 含量可以提高气化脱磷率，但加入过量后，SiO_2 与高磷矿中的碱性氧化物反应，生成大量的低熔点液相，影响物料的透气性，阻碍了 P_2 气体的逸出，导致气化脱磷率降低。因此，SiO_2 加入量的最佳值为 1.41%。

分别对配加 SiO_2 为 0、0.35%、1.41%、4.24%、4.95% 的烧结产物进行 XRD 衍射分析。分析图谱如图 5-6 所示。

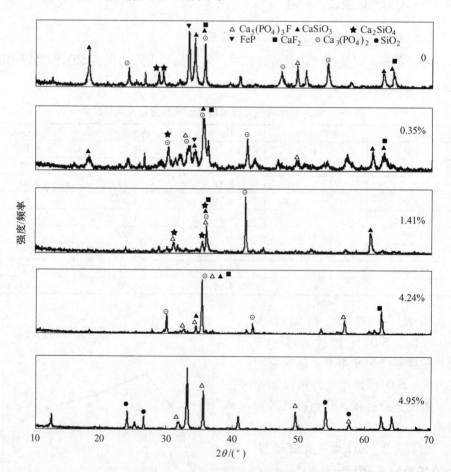

图 5-6　不同 SiO_2 加入量时焙烧产物的 XRD 衍射图谱

由图 5-6 可以看出，配加量为 1.41% 的衍射图谱中，$Ca_5(PO_4)_3F$ 的衍射峰明显减弱，并出现较强的 CaF_2 和 $CaSiO_3$ 衍射峰，且未检测到 SiF_4，推测磷矿物反应过程中主要氟化物为 CaF_2，部分 SiF_4 以气体形式随废气排出；随添加量的增加，$CaSiO_3$、Ca_2SiO_4 的衍射峰逐渐增强，说明生成的液相增加，同时 P_2O_5 与碱性氧化物结合，$Ca_3(PO_4)_2$ 逐渐增多，且有少量的 FeP 生成，因此脱磷率先升高后降低。通过衍射图谱可以进一步的确定，添加 SiO_2 可以提高脱磷率。

5.1.4 Na_2CO_3 对气化脱磷的影响

5.1.4.1 Na_2CO_3 对气化脱磷影响的实验

为研究 Na_2CO_3 对烧结气化脱磷的影响，分别配加不同比例的 Na_2CO_3 作为脱磷剂，进行微型烧结实验，实验方案及实验结果见表 5-5。

表 5-5 Na_2CO_3 配比对气化脱磷影响的实验方案及实验结果

温度/℃	碱度	配碳量/%	粒度/mm	葡萄糖/%	w_1 与 w_2 之和/%	n_1/n_2	Na_2CO_3/%	气化脱磷率/%
1250	1.8	3.5	0.15~0.18	7.0	1.11	1.34	0	14.6
1250	1.8	3.5	0.15~0.18	7.0	1.11	1.34	0.20	5.2
1250	1.8	3.5	0.15~0.18	7.0	1.11	1.34	0.40	8.3
1250	1.8	3.5	0.15~0.18	7.0	1.11	1.34	0.55	6.7
1250	1.8	3.5	0.15~0.18	7.0	1.11	1.34	0.80	5.8

5.1.4.2 Na_2CO_3 对气化脱磷影响的实验结果分析

按照表 5-5 的实验方案进行烧结气化脱磷实验，实验结果如图 5-7 所示。

从图 5-7 中可以看出，在添加 Na_2CO_3 试剂后，高磷赤铁矿的气化脱磷率随着 Na_2CO_3 加入量的增多，先增加后减少，并在 Na_2CO_3 含量为 0.4% 时，达到最大值 8.3%，但明显不如在没加 Na_2CO_3 条件下的气化脱磷率高，主要是因为 Na_2CO_3 在高温下分解生成 Na_2O，虽然 Na_2O 有破坏高磷赤铁矿鲕状结构的作用，但同时 Na_2O 也很容易与磷灰石反

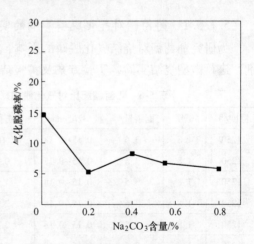

图 5-7 Na_2CO_3 含量对气化脱磷率的影响

应，并且该反应的反应趋势很显著，而且在反应过程中 Na 原子极易与 $(PO_4)^{3-}$ 结合成更加稳定的化合物 Na_3PO_4，从 XRD 衍射图（如图 5-8 所示）也可以看出有 Na_3PO_4 物质生成。另外，Na_3PO_4 分子之间的结合力比磷灰石更强，增加了还原难度。因此，Na_2CO_3 相对于破坏鲕状结构所起的作用，明显不如 Na_2O 与磷灰石反应所起的作用大。因此，加入 Na_2CO_3 不利于高磷赤铁矿的气化脱磷。

Na$_2$O 与磷灰石的热力学反应式为：

$$2Ca_5(PO_4)_3F+9Na_2O+4.5SiO_2 == 4.5Ca_2SiO_4(L)+CaF_2+6Na_3PO_4$$

$$G_{(22)}^{\ominus} = 322T-1850800 \tag{5-1}$$

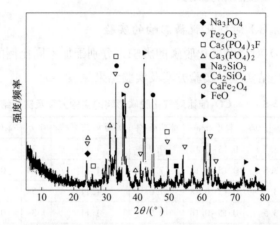

图 5-8 高磷赤铁矿添加 Na$_2$CO$_3$ 烧结后的 XRD 衍射图谱

5.1.5 葡萄糖对气化脱磷的影响

5.1.5.1 葡萄糖对气化脱磷影响的实验

为研究葡萄糖对烧结气化脱磷的影响，分别配加不同比例的葡萄糖作为脱磷剂，进行微型烧结实验，实验方案及实验结果见表5-6。

表 5-6 葡萄糖配比对气化脱磷影响的实验方案及实验结果

温度/℃	碱度	配碳量/%	粒度/mm	葡萄糖/%	w_1 与 w_2 之和/%	n_1/n_2	气化脱磷率/%
1250	1.8	3.5	0.15~0.18	0	1.11	1.34	10.9
1250	1.8	3.5	0.15~0.18	0.4	1.11	1.34	11.2
1250	1.8	3.5	0.15~0.18	1.2	1.11	1.34	17.5
1250	1.8	3.5	0.15~0.18	2.0	1.11	1.34	10.5
1250	1.8	3.5	0.15~0.18	3.5	1.11	1.34	11.1
1250	1.8	3.5	0.15~0.18	5.5	1.11	1.34	11.9
1250	1.8	3.5	0.15~0.18	7.0	1.11	1.34	14.6
1250	1.8	3.5	0.15~0.18	10.5	1.11	1.34	15.3

5.1.5.2 葡萄糖对气化脱磷影响的实验结果分析

按照表 5-6 的实验方案进行烧结气化脱磷实验，实验结果如图 5-9 所示。

实验结果如图 5-9 所示，从实验可以看出，在添加剂 CaCl$_2$ 和 MO 摩尔比相同的条件下，随着葡萄糖含量的增加，气化脱磷率先增加后减少，再继续增加葡萄糖的含量，气化脱磷率又提高。
这是因为在葡萄糖含量太少时，还
没有达到还原磷灰石的目的，就已
经由于葡萄糖本身沸点极低，使葡
萄糖试剂全部挥发，不能起到应有
的作用；当增加葡萄糖的含量过高
时，气化脱磷率反而降低，这是因
为过高的葡萄糖含量将会造成局部
强还原气氛，从而导致葡萄糖把磷
灰石还原过度，继而生成了铁和磷
的化合物，在还原反应后，又被氧
气氧化成 P_2O_5，并与游离的碱性氧

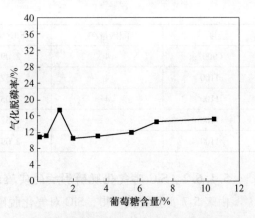

图 5-9　葡萄糖含量对气化脱磷率的影响

化物反应生成磷酸盐，从而留在烧结矿中；接着再增加葡萄糖的含量，气化脱磷
率又提高了，这是由于葡萄糖直接与磷灰石反应，而 $CaCl_2$ 已经消耗殆尽，因此
这时生成的含磷气体为磷单质气体而并非氯化磷，并且此时由于大量的葡萄糖的
加入，将会生成大量的 CO 气体，携带磷单质气体进入气相而不再被碱性氧化物
重新吸收生成磷酸盐。

葡萄糖与磷灰石直接反应的热力学公式及反应的开始还原温度见式（3-10）。

基于以上分析，葡萄糖的含量应适宜，过高过低都不适合气化脱磷，从表
5-6可以看出，葡萄糖含量为 1.2%时，达到了最大值 17.5%，虽然继续增加葡萄
糖的含量可以提高气化脱磷率，但是过高的葡萄糖含量会增加烧结过程中过湿层
厚度，影响烧结工艺的透气性，从而造成烧结矿冶金性能降低和减产，并且过高
的葡萄糖含量还会提高成本，因此综合考虑葡萄糖的含量定为 1.2%最为适合。

5.1.6　SiC 对气化脱磷的影响

5.1.6.1　SiC 对气化脱磷影响的实验

为研究 SiC 对烧结气化脱磷的影响，在加热温度分别为 900℃ 和 1100℃ 的条
件下，其他因素不变，向高磷赤铁矿中添加不同配比的 SiC 进行微型烧结实验，
实验方案及实验结果见表 5-7。

表 5-7　SiC 配比对气化脱磷影响的实验方案及实验结果

温度/℃	配碳量/%	SiC/%	磷含量/%	气化脱磷率/%
900	4	0.52	1.16	5.90
900	4	1.05	1.13	7.35
900	4	1.57	1.10	8.85

温度/℃	配碳量/%	SiC/%	磷含量/%	气化脱磷率/%
900	4	2.09	1.10	7.89
1100	4	0.52	1.18	4.28
1100	4	1.05	1.17	4.07
1100	4	1.57	1.15	4.71
1100	4	2.09	1.15	3.70

5.1.6.2 SiC 对气化脱磷影响的实验结果分析

由表 5-7 实验数据可得，SiC 对气化脱磷影响的变化趋势如图 5-10 所示。

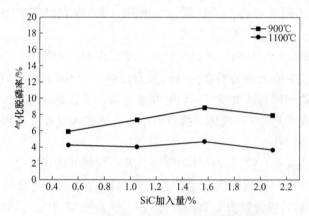

图 5-10 SiC 加入量对气化脱磷率的影响

由图 5-10 可知，添加 SiC 试剂后，高磷赤铁矿的气化脱磷率随着 SiC 加入量的增多，先增高后降低，且在 900℃、SiC 含量为 1.57% 时，达到了最大值 8.85%；但随温度的升高，脱磷率降低，气化脱磷率在 4% 左右，脱磷率降低是由于 SiC 与氧的结合能力强，尤其在高温下，氧化反应剧烈，大部分 SiC 被消耗，未能参与还原反应；SiC 参与脱磷反应可在预热层发生，实现了在低温区连续脱磷。综合以上实验结果，SiC 的气化脱磷效果比 SiO_2 差，但脱磷的温度较低，可考虑作为脱磷剂的一种成分，且最佳加入量为 1.57%，反应温度在 900℃ 附近为最好。

为进一步探究 SiC 对高磷赤铁矿气化脱磷的影响，对加热温度为 900℃，焙烧时间为 30min，配加量为 0.52%、1.05%、1.57%、2.09% 的焙烧产物进行 XRD 衍射分析。分析图谱如图 5-11 所示。

由图 5-11 可知，添加 SiC 后，$Ca_5(PO_4)_3F$ 的波峰降低，含量减少，在 SiC 加入量为 1.57% 时，$Ca_5(PO_4)_3F$ 含量最低，且衍射波峰最少；随着 SiC 加入量的增加，物料的透气性变差，还原反应生成的 P_4 不易排出，且 P_4 极易与氧气、

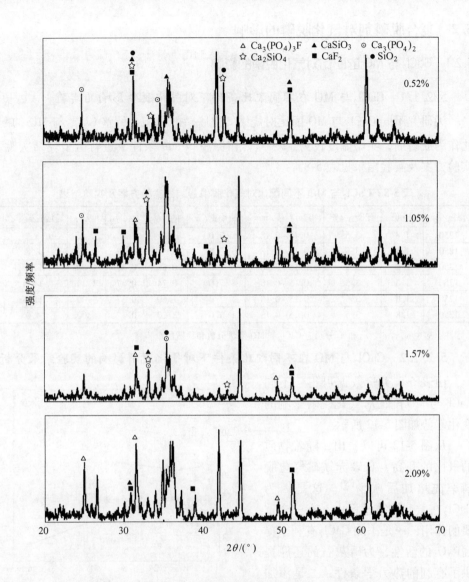

图 5-11 不同 SiC 加入量时焙烧产物的 XRD 衍射图谱

碱性氧化物反应生成磷酸盐；SiC 配加量较高时，过量的 SiC 与氧气结合生成 SiO_2 和 CO，在配加量为 2.09% 时，产物中出现 SiO_2 的衍射波峰。综合以上结论可以推测，当温度为 1100℃ 时，反应温度升高，液相生成量增加，料层的透气性变差，而 SiC 在高温下极易与氧结合而消耗，参加磷矿物还原的 SiC 减少，影响脱磷反应的进行；同时反应生成的 P_4 迅速与氧气、碱性氧化物反应生成磷酸盐，影响脱磷率。

5.2 复合脱磷剂对气化脱磷的影响

5.2.1 CaCl₂ 与 MO 的配比对气化脱磷的影响

5.2.1.1 CaCl₂ 与 MO 在不同配比条件下对气化脱磷影响的实验

为研究不同 $CaCl_2$ 与 MO 配比对烧结气化脱磷的影响，调整 $CaCl_2$ 与 MO 的配比作为脱磷剂，实验温度设为 1250℃ ，在保温 30min 条件下进行微型烧结实验，实验方案及实验结果见表 5-8。

表 5-8 CaCl₂ 与 MO 不同配比对气化脱磷影响的实验方案及实验结果

温度/℃	碱度	配碳量/%	矿石粒度/mm	葡萄糖/%	w_1/%	w_2/%	n_1/n_2	气化脱磷率/%
1250	1.8	3.5	0.15~0.18	7.0	0	0	—	5.5
1250	1.8	3.5	0.15~0.18	7.0	0.37	0.37	0.67	8.8
1250	1.8	3.5	0.15~0.18	7.0	0.55	0.37	1.00	12.5
1250	1.8	3.5	0.15~0.18	7.0	0.74	0.37	1.34	14.6
1250	1.8	3.5	0.15~0.18	7.0	1.60	0.37	3.00	12.1
1250	1.8	3.5	0.15~0.18	7.0	3.20	0.37	6.00	4.0

注：表中 w_1、w_2、n_1 和 n_2 分别为 $CaCl_2$ 和 MO 质量分数和物质的量。

5.2.1.2 CaCl₂ 与 MO 在不同配比条件下对气化脱磷影响的实验结果分析

由表 5-8 实验数据可得，不同 $CaCl_2$ 与 MO 配比对气化脱磷影响的变化趋势如图 5-12 所示。

从图 5-12 可以看出，随着物质的量比的升高，高磷赤铁矿气化脱磷率先增加后减少[5]。这是因为 $CaCl_2$ 在微型烧结过程中，有三个重要的作用：一是添加 $CaCl_2$ 有利于提高 P_2O_5 的活性，为磷灰石的还原提供了有利的热力学条件；二是添加 $CaCl_2$ 后，生成的气体由 P_2 变成 PCl_3，避免 P_2 在遇到氧气后重新被

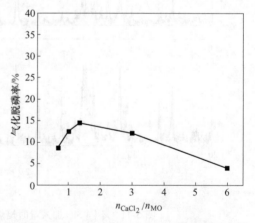

图 5-12 n_{CaCl_2}/n_{MO} 对气化脱磷率的影响

氧化；三是 $CaCl_2$ 在烧结过程中抑制了还原剂还原铁氧化物，为后期还原磷灰石提供充足的还原剂，因此 $CaCl_2$ 与 MO 的物质的量比不会是 1.00。但是物质的量比过高，必然会导致 $CaCl_2$ 的升高，而根据俞景禄[6]的研究可知，在有 $CaCl_2$ 和 $Ca_3(PO_4)_2$ 参与反应时，将会生成不利于气化脱磷的 $Ca_5(PO_4)_3Cl$，因此，过多的 $CaCl_2$ 将会与脱磷过程中生成的 $Ca_3(PO_4)_2$ 反应，生成更加稳定的 $Ca_5(PO_4)_3Cl$，从而降低了气化脱磷率。另外，$CaCl_2$ 在 800~900℃ 时，会部分解离生成 CaO，

造成烧结过程中碱度升高而不利于气化脱磷。

由上述对 $CaCl_2$ 分析可知，$CaCl_2$ 的加入对气化脱磷有促进作用，但是 $CaCl_2$ 的过量加入又导致了气化脱磷反应的还原温度提高，反而不利于气化脱磷，因此在添加 $CaCl_2$ 的同时，加入部分的 MO 用于降低气化脱磷反应的开始反应温度，从而使脱磷反应更容易发生。

从表 5-8 还可以看出在没加 $CaCl_2$ 和 MO 的情况下，气化脱磷率明显低，因此添加适宜比例的 $CaCl_2$ 和 MO 有利于气化脱磷，并在实验条件下获得 $CaCl_2$ 和 MO 的物质的量比为 1.34 及两者之和占总质量的 1.11% 时，达到了气化脱磷率的最大值 14.6%[7]。

5.2.2 葡萄糖与 $CaCl_2$ 的配比对气化脱磷的影响

5.2.2.1 葡萄糖与 $CaCl_2$ 在不同配比条件下对气化脱磷影响的实验

为研究不同葡萄糖与 $CaCl_2$ 配比对烧结气化脱磷的影响，调整葡萄糖与 $CaCl_2$ 的配比作为脱磷剂，进行微型烧结实验，实验方案及实验结果见表 5-9。

表 5-9　葡萄糖与 $CaCl_2$ 不同配比对气化脱磷影响的实验方案及实验结果

司家营精矿 /%	钢渣/%	R	$T/℃$	配碳量 /%	脱磷剂 /%			脱磷率/%
					SiO_2	$CaCl_2$	葡萄糖	
80	20	1.0	1300	4.0	0.00	0.29	0.10	18.0
80	20	1.0	1300	4.0	0.00	0.29	0.18	32.2
80	20	1.0	1300	4.0	0.00	0.29	0.29	23.6

5.2.2.2 葡萄糖与 $CaCl_2$ 在不同配比条件下对气化脱磷影响的实验结果分析

由表 5-9 实验数据可得，不同葡萄糖与 $CaCl_2$ 配比对气化脱磷影响的变化趋势如图 5-13 所示。

从图 5-13 可以看出，不同葡萄糖对钢渣气化脱磷率有显著的影响。随着葡萄糖加入量的升高，钢渣气化脱磷率先增加后减少，而且在 $CaCl_2$ 一定的条件下，配加葡萄糖的量相

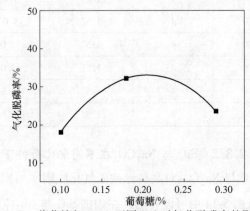

图 5-13　葡萄糖与 $CaCl_2$ 不同配比对气化脱磷率的影响

应的增加，并在葡萄糖加入量为 0.18% 附近，达到气化脱磷率最大值[7]。主要

是因为配加 $CaCl_2$ 后磷酸钙活性增加,从而在增加强还原剂的情况下更加促进了磷元素的气化。此外,由于大量的葡萄糖的加入,将会生成大量的 CO 气体,携带磷单质气体进入气相而不再被碱性氧化物重新吸收生成磷酸盐。

5.2.3 SiC 与 Na_2CO_3 的配比对气化脱磷的影响

5.2.3.1 SiC 与 Na_2CO_3 在不同配比条件下对气化脱磷影响的实验

为研究不同 SiC 与 Na_2CO_3 配比对烧结气化脱磷的影响,在加热温度为 900℃、SiC 加入量为 1.57% 的条件下,改变 Na_2CO_3 的配比作为脱磷剂,进行微型烧结实验,实验方案及实验结果见表 5-10。

表 5-10 SiC 与 Na_2CO_3 不同配比对气化脱磷影响的实验方案及实验结果

温度/℃	配碳量/%	SiC/%	Na_2CO_3/%	磷含量/%	气化脱磷率/%
900	4	1.57	0.05	1.29	1.53
900	4	1.57	0.10	1.27	3.05
900	4	1.57	0.21	1.27	3.05
900	4	1.57	0.41	1.27	3.79
900	4	1.57	0.82	1.27	3.20
900	4	1.57	1.64	1.29	3.01
900	4	1.57	2.46	1.28	2.29
900	4	1.57	3.28	1.28	2.29
900	4	1.57	5.00	1.26	2.33
900	4	1.57	7.00	1.26	2.55
900	4	1.57	9.00	1.28	2.29
900	4	1.57	11.00	1.24	2.75
900	4	1.57	13.00	1.27	3.05
900	4	1.57	15.00	1.27	3.05
900	4	1.57	20.00	1.25	2.34

5.2.3.2 SiC 与 Na_2CO_3 在不同配比条件下对气化脱磷影响的实验结果分析

SiC 与 Na_2CO_3 对高磷赤铁矿气化脱磷率的影响曲线如图 5-14 所示。

从图 5-14 中可以看出,在添加 SiC 与 Na_2CO_3 试剂后,高磷赤铁矿的气化脱磷率曲线变化不大,且气化脱磷率仅在 3% 左右,因此不选取 Na_2CO_3 作为脱磷剂的一种成分[8,9]。

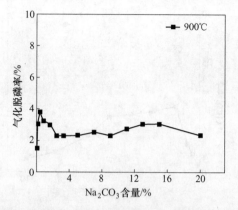

图 5-14 SiC 与 Na$_2$CO$_3$不同配比对脱磷的影响

5.2.4 SiC 与 Na$_2$SO$_4$的配比对气化脱磷的影响

5.2.4.1 SiC 与 Na$_2$SO$_4$在不同配比条件下对气化脱磷影响的实验

为研究不同 SiC 与 Na$_2$SO$_4$ 配比对烧结气化脱磷的影响，在加热温度为 900℃、SiC 加入量为 1.57% 的条件下，改变 Na$_2$SO$_4$ 的配比作为脱磷剂，进行微型烧结实验，实验方案及实验结果见表 5-11。

表 5-11 SiC 与 Na$_2$SO$_4$不同配比对气化脱磷影响的实验方案及实验结果

温度/℃	配碳量/%	SiC/%	Na$_2$SO$_4$/%	磷含量/%	气化脱磷率/%
900	4	1.57	0.20	1.29	1.53
900	4	1.57	0.40	1.25	4.58
900	4	1.57	0.68	1.2	6.98
900	4	1.57	1.34	1.06	16.54
900	4	1.57	2.66	1.05	15.32
900	4	1.57	3.94	1.06	14.52
900	4	1.57	5.17	1.06	13.82
900	4	1.57	6.38	1.08	9.17
900	4	1.57	8.26	1.13	5.04
900	4	1.57	9.91	1.15	3.36

5.2.4.2 SiC 与 Na$_2$SO$_4$在不同配比条件下对气化脱磷影响的实验结果分析

根据表 5-11 中的数据可知，SiC 与 Na$_2$SO$_4$不同配比对气化脱磷的影响如图 5-15 所示。

由图 5-15 可以看出，在添加 SiC 与 Na$_2$SO$_4$试剂后，高磷赤铁矿的气化脱磷

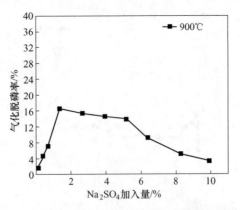

图 5-15 SiC 与 Na$_2$SO$_4$不同配比对气化脱磷率的影响

率随着 Na$_2$SO$_4$ 加入量的增多，先增高后降低，且在温度为 900℃ 、Na$_2$SO$_4$ 加入量为 1.34%时，达到了最大值 16.54%，比单一加入 SiC 时的脱磷率增加了 9%，因此添加 Na$_2$SO$_4$ 可以提高脱磷效果；气化脱磷率随加入量的增加而降低的原因可能是 Na$_2$SO$_4$中的磷随加入量的增加，SiC 与氧极易结合，生成 SiO$_2$，而Na$_2$SO$_4$ 会加速这一反应的进行，使得 SiC 被消耗，脱磷率随之降低。综合以上实验结果，SiC 与 Na$_2$SO$_4$脱磷的温度较低，且脱磷率可达到 16.54%。可考虑作为复合脱磷剂的一种，Na$_2$SO$_4$ 最佳加入量为 1.34%，且 SiC 与 Na$_2$SO$_4$ 的最佳比值为 1.17∶1。

　　综合本章内容可知，只考虑碳对含磷矿物的还原时，取烧结温度 900℃，随配碳量提高，磷矿物会被过度还原生成 FeP，最佳配碳量为 4%的阳泉无烟煤；添加 CaCl$_2$ 作为脱磷剂，反应最佳温度为 900℃，脱磷率在 CaCl$_2$ 加入量为 1.36%时达到最大值，为 17.21%；随着 SiO$_2$ 加入量的升高，高磷赤铁矿气化脱磷率先升高后下降，在加入量为 1.41%时，脱磷率最高，为 14.66%；高磷赤铁矿的气化脱磷率随着 Na$_2$CO$_3$ 的添加量增多而逐渐减小，因此脱磷剂中不宜加入 Na$_2$CO$_3$ 试剂；高磷赤铁矿的气化脱磷率随着葡萄糖含量的增多先增加后减小，并在含量为 1.2%时，气化脱磷率达到了最大值 17.5%；添加 SiC 试剂后，高磷赤铁矿的气化脱磷率随着 SiC 加入量的增多，先增高后降低，且在 900℃、SiC 含量为 1.57%时，达到了最大值 8.85%；高磷赤铁矿的气化脱磷率随着 CaCl$_2$ 与 MO 物质的量比的提高，先增加后减少，并且在物质的量比为 1.34 时，气化脱磷率达到了最大值 14.6%；在 CaCl$_2$ 配加量一定的条件下，随着葡萄糖加入量的增加，钢渣气化脱磷率先增加后减少，且在 CaCl$_2$ 一定条件下，气化脱磷率在葡萄糖配加量为 0.18%左右达到最大值；添加 SiC+Na$_2$CO$_3$ 试剂后，气化脱磷率仅在 3%左右，因此不选取 Na$_2$CO$_3$ 作为脱磷剂的一种成分；在保持 SiC 加入量为 1.57%、加热温度为 900℃的条件下，加入 Na$_2$SO$_4$，气化脱磷率随 Na$_2$SO$_4$ 的加入先增加后降低，且在加入量为 1.34% 时脱磷率达到最大值 16.54%，且 SiC 与 Na_2SO_4 的最佳比值为 1.17∶1。

参 考 文 献

[1] 张伟，刘卫星，田铁磊，等．脱磷剂对高磷钢渣气化脱磷率影响的研究 [J]．烧结球团，2014 (1)：47~50，59.

[2] 张玉柱，田铁磊，邢宏伟，等．高磷赤铁矿小型烧结过程中磷的转化分析 [J]．烧结球团，2012 (4)：4~7.

[3] 张伟，王辉，邢宏伟，等．烧结气化脱磷过程中磷的转化及物相分析 [J]．钢铁钒钛，2015，36 (3)：78~82.

[4] 王辉，邢宏伟，田铁磊，等．高磷赤铁矿采用 $CaCl_2$ 气化脱磷的试验研究 [J]．武汉科技大学学报，2015 (1)：1~4.

[5] 张伟，刘卫星，李杰，等．高磷钢渣气化脱磷影响因素的实验 [J]．钢铁，2015 (1)：11~14.

[6] 俞景禄．含 $CaCl_2$ 渣在精炼温度下的同时脱磷和脱硫 [J]．钢铁，1988，23 (5)：16~20.

[7] 田铁磊．高磷矿烧结脱磷研究 [D]．唐山：河北联合大学，2012.

[8] 项利．流动氮气条件下熔渣气化脱磷的热力学与动力学基础研究 [D]．唐山：河北理工大学，2005.

[9] 刘帆，张伟，赵凯，等．燃料对高磷鲕状赤铁矿气化脱磷的影响 [J]．河北联合大学学报（自然科学版），2014 (2)：17~20.

6 影响气化脱磷的工艺条件

6.1 影响高磷赤铁矿气化脱磷的关键因素

6.1.1 配碳量对气化脱磷的影响

6.1.1.1 配碳量对气化脱磷影响的实验

由第 5 章可知阳泉无烟煤为较优的燃料和还原剂，实验中含碳原料选取阳泉无烟煤，分析配碳量对气化脱磷的影响，在 900℃ 时，配碳量对气化脱磷影响的实验方案见表 6-1。

表 6-1 配碳量对气化脱磷的影响实验方案

燃料	编号	配碳量/%	温度/℃	比表面积 /m²·g⁻¹	孔容 /mL·g⁻¹	孔径 d/nm
阳泉无烟煤	1 号	3	900	13.728	$2.115×10^{-2}$	3.060
	2 号	3.5	900	13.728	$2.115×10^{-2}$	3.060
	3 号	4	900	13.728	$2.115×10^{-2}$	3.060
	4 号	4.5	900	13.728	$2.115×10^{-2}$	3.060
	5 号	5	900	13.728	$2.115×10^{-2}$	3.060

6.1.1.2 配碳量对气化脱磷影响的实验结果分析

实验研究了配碳量对烧结气化脱磷的影响，实验结果如图 6-1 所示。

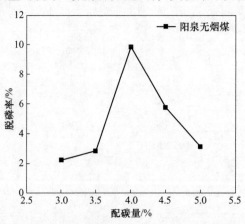

图 6-1 900℃时配碳量对气化脱磷的影响

由热力学分析可知，碳还原含磷矿物只有在高温时才能发生，但在实验温度下仍然检测出磷含量有所降低。由图6-1可知，在实验温度900℃下，随着配碳量的增加，高磷赤铁矿的气化脱磷率变化趋势为先增加后减少，这是因为焦炭配比低时，焦炭燃烧为气化脱磷反应提供的热量不足，导致还原反应不充分，并且低配碳将会导致烧结矿的气孔率较低，从而影响生成的氯化磷气体进入大气。当配碳量小于3.5%时，气化脱磷率很低，这是由于配碳量过低，降低了碳和氟磷灰石的接触机会，使脱磷反应难以发生；当配碳量大于3.5%时，气化脱磷率急剧上升，在4%时达到最大值；而当配碳量过高时，脱磷率没有继续升高，反而降低，这是因为碳颗粒周围有较强的还原性气氛，铁氧化物和含磷矿物被碳同时还原生成 FeP，FeP 和 O_2、CaO 反应生成 $Ca_3(PO_4)_2$，产物留在了烧结料中，脱磷率降低[1]。

为了探明低温下燃料对磷矿物的作用机理，选配碳量为0、3%、4%、5%的烧结产物，对其进行X射线衍射分析[2]，如图5-2所示。

原矿中的矿物主要为赤铁矿、石英和少量的氟磷灰石，经过焙烧后，物相发生变化。由图5-2可以看出，配碳量为4%时，$Ca_5(PO_4)_3F$ 的衍射峰强度明显减弱，出现微弱的 $CaSO_4$ 衍射峰，可能是燃料中 H_2S 参与了脱磷反应；当配碳量为5%时，出现了 FeP 衍射峰，这是由于磷元素被过度还原，产物留在了烧结矿中，导致脱磷率降低，与图6-1曲线规律是吻合的，因此配碳量要合适，并不是越高越好[1]。

6.1.2 碱度对气化脱磷的影响

6.1.2.1 低温下碱度对气化脱磷影响的实验结果及分析

由原料分析可知高磷赤铁矿自然碱度为0.36，为酸性矿石，通过添加白灰改变原料碱度，取0.8、1.0、1.2、1.4、1.6、1.8六个碱度水平，在 $CaCl_2$ 加入量为1.36%、温度900℃、保温30min的条件下进行实验研究，实验结果如图6-2所示。

由图6-2可知，碱度对气化脱磷率的影响显著，气化脱磷率随着碱度的增大呈现先升高后降低的趋势。碱度为1.2时为最佳碱度，当

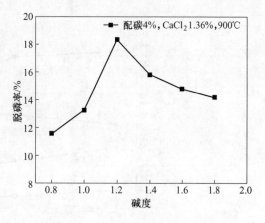

图6-2 碱度对气化脱磷的影响

碱度过高时，过多的 CaO 会大量消耗 SiO_2 生成 $CaO \cdot SiO_2$、$2CaO \cdot SiO_2$、$3CaO \cdot SiO_2$ 等物质。SiO_2 在气化脱磷过程中起着非常重要的作用，SiO_2 的减少势必影响气化脱磷产物的生成。因此，当碱度过高时，间接地制约了脱磷反应的进行，使脱磷率降低。

6.1.2.2　高温下碱度对气化脱磷影响的实验

烧结矿缩分取样化验磷含量。烧结矿化验结果及气化脱磷率见表 6-2。

表 6-2　碱度对气化脱磷影响实验方案及结果

温度/℃	碱度	配碳量/%	粒度/mm	脱磷剂/%	气化脱磷率/%
1150	1.0	3	0.15~0.18	2.31	15.6
1150	1.5	3	0.15~0.18	2.31	14.4
1150	2.0	3	0.15~0.18	2.31	12.8
1250	1.0	3	0.15~0.18	2.31	23.9
1250	1.5	3	0.15~0.18	2.31	21.2
1250	2.0	3	0.15~0.18	2.31	18.6
1350	1.0	3	0.15~0.18	2.31	28.5
1350	1.5	3	0.15~0.18	2.31	30.3
1350	2.0	3	0.15~0.18	2.31	30.5
1400	1.0	3	0.15~0.18	2.31	42.8
1400	1.5	3	0.15~0.18	2.31	41.6
1400	2.0	3	0.15~0.18	2.31	35.4

6.1.2.3　高温下碱度对高磷赤铁矿气化脱磷影响的实验结果分析

为研究高温下碱度对高磷赤铁矿气化脱磷的影响，在其他条件不变的情况下，把碱度分别设为 1.0、1.5 和 2.0 三个水平进行实验研究，实验结果如图 6-3 所示。

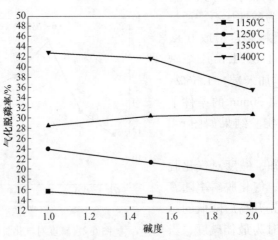

图 6-3　碱度对气化脱磷率的影响

从图 6-3 中可以看出，在温度为 1150℃、1250℃、1400℃时，高磷赤铁矿脱磷率随着碱度提高而逐渐降低，这是因为随着碱度升高，原料中 CaO 的含量增加，而热力学反应中有 SiO$_2$ 的参与，SiO$_2$ 活度的降低，必然导致 PCl$_3$ 生成量的减少，而 CaO 含量增多，又会造成 SiO$_2$ 的活度降低。因此，碱度越高越不利于气化脱磷反应的进行。但是在 1350℃时，气化脱磷率随着碱度提高反而升高，在碱度为 1.5 和 2.0 时，脱磷率相近，这是因为碱度提高为固相反应的顺利进行提供了便利条件，从而生成大量的低熔点的化合物，为该反应的反应物接触创造了更多的条件，然而当碱度进一步提高时，SiO$_2$ 的影响又逐渐变为主导因素，这一点可以从 1400℃时的气化脱磷看出。因此，碱度从 1.5 升高到 2.0 时气化脱磷率变化不大。设：

$$K = \frac{a_{Ca_2SiO_4} \cdot \alpha_{M_3P} \cdot P_{CO} \cdot P_{H_2O} \cdot P_{PCl_3} \cdot P_{SiF_4}}{a_{Ca_5(PO_4)_3F} \cdot a_{MO} \cdot a_{SiO_2} \cdot a_{C_6H_{12}O_6} \cdot a_{CaCl_2}} \qquad (6-1)$$

则有：

$$P_{PCl_3} = K \cdot \frac{a_{Ca_5(PO_4)_3F} \cdot a_{SiO_2} \cdot a_{C_6H_{12}O_6} \cdot a_{CaCl_2} \cdot a_{MO}}{a_{Ca_2SiO_4} \cdot a_{M_3P} \cdot P_{CO} \cdot P_{H_2O} \cdot P_{SiF_4}} \qquad (6-2)$$

综上可知，在低温时，气化脱磷率随着碱度的增大呈现先升高后降低的趋势，在碱度为 1.2 时为最佳碱度；然而在高温时，碱度对高磷赤铁矿的整体影响，主要是碱度越低越易气化脱磷[3]。

6.1.3 矿石粒度对气化脱磷的影响

6.1.3.1 矿石粒度对气化脱磷影响的实验

烧结矿缩分取样化验磷含量，化验结果及气化脱磷率见表 6-3。

表 6-3 矿石粒度对气化脱磷影响的实验方案及结果

温度/℃	碱度	配碳量/%	粒度/mm	脱磷剂/%	气化脱磷率%
1300	1	3	0.18~0.55	2.31	17.3
1300	1	3	0.15~0.18	2.31	25.6
1300	1	3	0.096~0.15	2.31	31.2
1300	1	3	0.074~0.096	2.31	36.7

6.1.3.2 矿石粒度对高磷赤铁矿气化脱磷影响的实验结果分析

为研究不同粒度对高磷赤铁矿的气化脱磷的影响，在其他条件不变的情况下，把粒度分别设为 0.18~0.55mm、0.15~0.18mm、0.096~0.15mm 和 0.074~0.096mm 四个水平进行实验研究，实验结果如图 6-4 所示。

从图 6-4 中可以看出，高磷赤铁矿的粒度越细，气化脱磷率越高。根据高磷

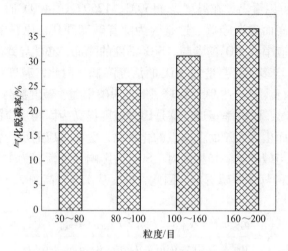

图 6-4 粒度分布对气化脱磷率的影响

赤铁矿的显微结构可知，磷灰石和铁氧化物的嵌布粒度极细，而且两者之间呈环状相间结构，可见只要高磷铁矿石粒度达到一定的细度，把铁矿物包裹的磷灰石裸露出来，从而增加了脱磷剂与磷灰石相互之间的接触面积，为气化脱磷反应创造了有利的条件。因此，高磷赤铁矿粒度越细，越有利于气化脱磷反应的进行。

6.1.4 温度对气化脱磷的影响

6.1.4.1 温度对气化脱磷影响的实验

烧结矿缩分取样化验磷含量，同时脱磷剂中各成分为 $CaCl_2$、金属氧化物 MO 及葡萄糖，并且经过换算得出三种物质在脱磷剂中的配比为 $2:1:3.2$，同时脱磷剂在烧结混合料中的质量百分数为 2.31%。烧结矿化验结果及气化脱磷率见表 6-4。

表 6-4 温度对气化脱磷影响的实验方案及结果

温度/℃	碱度	配碳量/%	粒度/mm	脱磷剂/%	气化脱磷率/%
1150	1.0	3.0	0.15~0.18	2.31	15.6
1250	1.0	3.0	0.15~0.18	2.31	23.9
1350	1.0	3.0	0.15~0.18	2.31	28.5
1400	1.0	3.0	0.15~0.18	2.31	42.8

6.1.4.2 温度对高磷赤铁矿气化脱磷影响的实验结果分析

为研究不同温度对高磷赤铁矿气化脱磷的影响，在其他条件不变的情况下，把温度分别设为 1150℃、1250℃、1350℃ 和 1400℃ 四个水平进行实验，实验结果如图 6-5 所示。

从图 6-5 中可以看出，随着体系温度的升高，高磷赤铁矿的气化脱磷率明显增加，在 1150℃时气化脱磷率为 15.6%，而在 1400℃时气化脱磷率达到了 42.8%，两者相差 27.2%，可见温度对气化脱磷率的影响极大。根据高磷赤铁矿气化脱磷反应的反应热力学可知，脱磷剂还原磷灰石的反应为强吸热反应，即温度越高，越有利于气化脱磷反应的进行，但过高的温度会影响烧

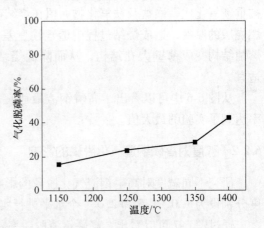

图 6-5　温度对气化脱磷率的影响

结矿的冶金性能，尤其是在高温条件下，铁酸钙极易分解。因此，在烧结杯试验中温度应当适宜。

6.2　影响高磷钢渣气化脱磷的关键因素

6.2.1　配碳量对高磷钢渣气化脱磷的影响

为研究配碳量对高磷钢渣气化脱磷的影响，在加入脱磷剂条件下改变配碳量的配比，而温度 T = 1300℃、碱度 R = 1 及含磷量为 0.2% 的条件不变，在以上条件下对配碳量分为 3.0%、4.0% 和 5.0% 三个水平进行试验研究，实验结果如图 6-6 所示。

从图 6-6 中可以看出，随着配碳量增加，高磷钢渣的气化脱磷率变化趋势为先增加后减少，这是因为焦炭配比低时，焦炭燃烧为气化

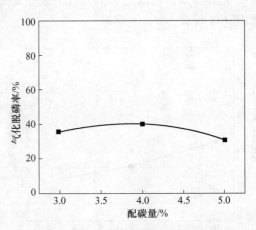

图 6-6　配碳量对气化脱磷率的影响

脱磷反应提供的热量不足，导致还原反应不充分，并且低配碳将会导致烧结矿的气孔率较低，从而影响生成的氯化磷气体进入大气。因此，配碳量低时，气化脱磷率低。但当焦炭配比升高到一定程度后，气化脱磷率又有所降低，这是因为配碳量增加过多，将会造成局部强还原气氛，容易把焦炭粒附近的铁氧化物还原成铁粒并与磷蒸气发生反应生成 FeP，且生成的 FeP 在氧化性气氛中极易氧化，又

被重新氧化成磷酸盐及铁氧化物而留在烧结矿中。此外，配碳量高时，容易增加燃烧层的厚度，造成烧结过程中透气性变差，并且烧结矿的微观结构也从交织－熔蚀结构变成薄壁大孔结构，从而降低烧结矿强度。因此，高磷钢渣配碳量要适宜[4]。

从图6-6中可以看出，高磷钢渣最适宜的配碳量约为4.0%，此时气化脱磷率达到了实验的最大值。

6.2.2　碱度对高磷钢渣气化脱磷的影响

研究不同碱度对高磷钢渣气化脱磷的影响，在其他条件不变的情况下，把碱度分别设为1.0、1.5和2.0三个水平进行实验研究，实验结果如图6-7所示。

通过图6-7可以看出，高磷钢渣脱磷率随着碱度提高而逐渐降低；因为随着碱度升高，原料中 CaO 的含量增加，将会造成 SiO_2 活度的降低，因此必然导致 PCl_3 生成量的减少，所以减少了气化脱磷率。因此，碱度越高越不利于气化脱磷反应的进行。

6.2.3　磷含量对高磷钢渣气化脱磷的影响

为研究不同磷含量对高磷钢渣的气化脱磷的影响，在其他条件不变的情况下，把磷含量分别设为0.5%、1.0%及2.0%三个水平进行实验研究，实验结果如图6-8所示。

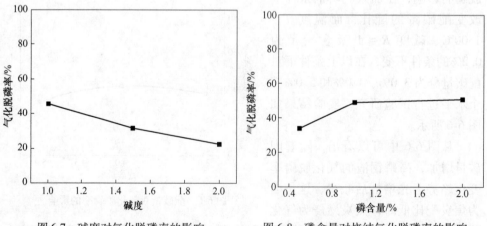

图 6-7　碱度对气化脱磷率的影响　　　　图 6-8　磷含量对烧结气化脱磷率的影响

从图6-8中可以看出，高磷钢渣磷含量越高，气化脱磷率越高，但在磷含量达到一定水平后，气化脱磷率逐渐变得平缓。主要是因为磷含量提高有助于提高磷酸钙的活性，使气化脱磷反应向生成氯化磷的方向移动。高磷钢渣中磷含量越高，越有利于气化脱磷反应的进行。

6.2.4 温度对高磷钢渣气化脱磷的影响

为研究不同温度对高磷钢渣的气化脱磷的影响，在其他条件不变的情况下，把温度分别设为1250℃、1300℃和1350℃三个水平进行实验，实验结果如图6-9所示。

从图6-9中可以看出，随着体系温度的升高，高磷钢渣的气化脱磷率明显增加，在1150～1250℃范围内气化脱磷率达到最大值50.0%，与最小值相差27.2%，可见温度对气化脱磷率的影响极大。根据高磷钢渣气化脱磷反应的反应热力学可

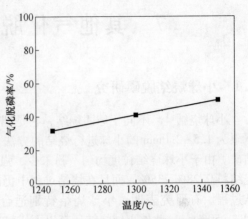

图6-9　温度对烧结气化脱磷率的影响

知，脱磷剂还原磷酸钙的反应为强吸热反应，即温度越高，越有利于气化脱磷反应的进行，但过高的温度会影响烧结矿的冶金性能，尤其是在高温条件下，铁酸钙极易分解。因此，在烧结杯试验中温度应当适宜[5]。

参 考 文 献

[1] 王辉，邢宏伟，田铁磊，等．高磷赤铁矿采用CaCl$_2$气化脱磷的试验研究［J］．武汉科技大学学报，2015（1）：1～4.
[2] 张伟，王辉，邢宏伟，等．烧结气化脱磷过程中磷的转化及物相分析［J］．钢铁钒钛，2015，36（3）：78～82.
[3] 田铁磊．高磷矿烧结脱磷研究［D］．唐山：河北联合大学，2012.
[4] 张伟，刘卫星，李杰，等．高磷钢渣气化脱磷影响因素的实验［J］．钢铁，2015（1）：11～14.
[5] 张伟，刘卫星，田铁磊，等．脱磷剂对高磷钢渣气化脱磷率影响的研究［J］．烧结球团，2014（1）：47～50，59.

7 其他气化脱磷方法研究

7.1 小球烧结脱磷研究

小球烧结[1,2]不同于球团烧结，它是把混合料全部制成粒度上限为 6~8mm、下限为 1.5~2.0mm 的小球进行烧结的方法。小球在烧结机上依靠液相固结成烧结矿。由于小球烧结粒度均匀、粉末少、强度高，烧结料层的原始透气性比普通烧结料高 28%~35%，而且在烧结过程中仍能保持良好的透气性，从而强化了烧结过程。有研究表明，小球烧结特别适合于细磁铁精粉烧结，可以提高产量 10%~50%[3]。此外小球烧结还有以下优势：

（1）小球烧结的冷凝带和干燥带阻力普遍较小。由于小球烧结空隙大、比表面积小、摩擦力小，有利于气流的通过和水分的蒸发，使干燥带厚度减小；透气性好使得透过的风量大，废气中水分分压小，冷凝的水分减少。

（2）小球烧结的气流分布合理。冷凝带和干燥带阻力减小，使烧结前期风量增加；小球烧结的密度和粒度较大，软化和熔融较困难，易形成致密结构的烧结矿，使冷却带的阻力增加，因而烧结后期风量减少，这在一定程度上缓和了一般烧结过程中风量过分集中于后期的矛盾。

（3）因为小球烧结具有良好的透气性，可在较小的负压和较厚的料层条件下获得比烧结料好得多的指标，有利于降低烧结成本。

（4）由于小球料冷凝带含水少、阻力小，因此小球烧结很有可能取消烧结料的预热环节。

7.1.1 实验原料及燃料条件

7.1.1.1 原料及燃料粒度组成

原料及燃料粒度分布见表 7-1。

表 7-1 原料及燃料粒度组成　　　　　　　　　　　　　　　　（%）

原料及燃料	+0.074mm	0.074~0.045mm	-0.045mm
高磷铁矿粉	1.36	6.93	91.71
司家营铁精粉	6.75	87.9	5.35
MgO			>99
CaO		>80	
焦粉	29.60	65.43	4.97

由表7-1可知，通过磨矿将原料及燃料粒度均磨至较细，既是为了造球需要，更使得原料及燃料能够充分接触，以便于还原反应的充分进行。尤其是高磷铁矿的粒度为-0.045mm占91.71%，远小于0.15mm的赤铁矿鲕粒，这样就可以保证绝大多数鲕粒被破坏，鲕粒中的磷矿物裸露出来并与焦炭颗粒接触，只要达到反应温度，还原反应就可以进行。

7.1.1.2 原料及燃料化学成分

原料及燃料化学成分见表7-2。

表7-2 原料及燃料化学成分 （%）

原燃料	TFe	FeO	SiO$_2$	CaO	MgO	Al$_2$O$_3$	P	烧损	C
高磷铁矿粉	53.96	10.14	9.6	4.88	1.1	11.06	1.37	2.76	—
司家营铁精粉	64.34	15.52	6.80	1.02	0.83	0.96	0.064	1.36	—
MgO	—	—	—	—	98.0	—	—	—	—
CaO	—	—	—	98.0	—	—	—	—	—
焦粉	—	—	6.42	0.78	0.22	—	0.048	—	80.00

7.1.2 小球烧结脱磷实验

为了达到较好的脱磷效果，引入小球烧结工艺以改善料层透气性，缩短反应时间为20min，以向实际生产靠拢，重点对碱度、配碳、温度三个变量进行全面实验，寻求其对脱磷率的影响规律。

7.1.2.1 实验方案

实验固定条件MgO含量为3.0%、Al$_2$O$_3$含量小于3.0%，设定配碳（5%、10%、15%、20%）、碱度（CaO/SiO$_2$分别为2.0、1.0、2/3）和反应温度（1200℃、1240℃、1280℃、1320℃）进行全面实验，具体方案见表7-3。

表7-3 实验方案 （g）

碱 度	配碳量	高磷铁矿	司营铁粉	CaO	MgO	焦炭
CaO/SiO$_2$ = 2.0	5%	40	160	25.856	6.985	14.55
	10%	40	160	25.856	6.985	29.11
	15%	40	160	25.856	6.985	43.66
	20%	40	160	25.856	6.985	58.21
CaO/SiO$_2$ = 1.0	5%	40	160	11.136	6.53	13.6
	10%	40	160	11.136	6.53	27.21
	15%	40	160	11.136	6.53	40.81
	20%	40	160	11.136	6.53	54.42

碱　度	配碳量	高磷铁矿	司营铁粉	CaO	MgO	焦　炭
CaO/SiO$_2$ = 2/3	5%	40	160	6.23	6.378	13.29
	10%	40	160	6.23	6.378	26.576
	15%	40	160	6.23	6.378	39.864
	20%	40	160	6.23	6.378	53.15

7.1.2.2　实验方法

A　实验准备

采用手动方式造球，使得小球粒度为 3~10mm，造球时间大约 30min，小球含水量在 11% 左右。

将制成的小球在室温下晾 12h 以上，然后放入烘箱内烘干。具体操作为：烘箱温度设定为 180℃，打开开关让其从室温开始升温，同时放入小球（若待温度升到设定温度再放入小球，则小球由于加热迅速，导致水分蒸发过快，强度降低，破碎量增多），2h 后取出。用 4mm 的筛子轻轻筛除碎料，然后检测小球粒度分布，结果为 4~8mm 的小球含量均在 80% 以上。

B　电炉烧结

按每坩 180g 标准称量干球，之后装入预先用铁铬铝丝编制好的圆柱形网桶（形状大小与前面用坩埚相同）中，轻轻碰撞、振动网桶使碎料析出（以便减少操作过程中碎料的损失，使实验结果尽量准确），称量碎料质量并与之前装入网桶中的料重作差，求出每坩入桶的净料重（精确到 0.01g）。

待炉温升到预设温度，将网桶慢慢（约 3min）放入炉中，焙烧 17min 后迅速取出，倒入钢盆中自然冷却。取料时要轻拿轻放以防有碎料掉出影响结果。

7.1.2.3　实验结果

采用小球烧结工艺的脱磷率见表 7-4。

表 7-4　小球烧结工艺的脱磷率　　　　　　　　　　　（%）

碱　度	配碳量	温　度			
		1200℃	1240℃	1280℃	1320℃
CaO/SiO$_2$ = 2.0	5	11.47	10.18	9.92	6.86
	10	5.70	7.34	7.75	-0.46
	15	6.43	10.63	10.97	10.84
	20	3.59	9.79	11.29	9.43

续表 7-4

碱度	配碳量	温 度			
		1200℃	1240℃	1280℃	1320℃
$CaO/SiO_2 = 1.0$	5	0.76	3.59	7.50	8.96
	10	1.20	8.73	11.27	4.58
	15	14.03	9.12	8.68	13.29
	20	7.93	8.24	7.85	9.68
$CaO/SiO_2 = 2/3$	5	9.59	9.11	9.52	11.87
	10	7.50	10.64	10.87	12.11
	15	8.77	9.11	12.29	12.90
	20	7.88	11.68	11.70	12.06

7.1.2.4 实验结果分析

A 温度对气化脱磷率的影响

同一温度下，不同配碳量与碱度的脱磷率变化如图 7-1 所示。

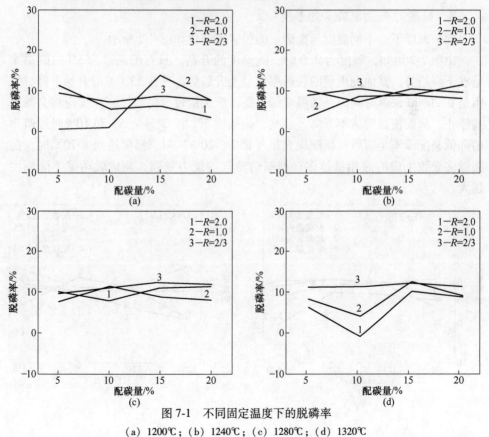

图 7-1 不同固定温度下的脱磷率

(a) 1200℃；(b) 1240℃；(c) 1280℃；(d) 1320℃

由图 7-1 可知，温度在 1200℃ 时，随配碳量的增加，碱度在 2.0 和 2/3 时的脱磷率呈下降趋势，碱度为 1.0 的脱磷率波动较大，并在配碳量为 15% 时出现一个高峰，这应为数据检测误差所致。实验过程中发现，温度在 1200℃ 和 1240℃ 时均有部分小球表面呈红色，而且温度越低、配碳量越少时这种现象就越突出，原因是温度低，还原反应不充分，使得脱磷率下降。

温度为 1240℃ 和 1280℃ 时，同碱度时的脱磷率变化趋势相同，各脱磷率基本都在 10% 左右。随着温度的升高，碱度较低的脱磷率有明显上升趋势。1280℃ 时，碱度为 2/3 的脱磷率已经高于其他两个。在该温度范围内，小球内部已经出现部分流动的液相，这有利于加快物质间的传递，促进磷矿物的还原。

温度在 1320℃ 时，不同碱度下的脱磷率之间已呈现出明显的规律：实验中各配碳量条件下，随碱度降低，脱磷率升高，并且各脱磷率在配碳量为 15% 时达到最高值，配碳量为 20% 的脱磷率有所下降。该温度下，20% 的配碳量能够充分反应，并放出大量的热量，使得液相量大大增加，从而抑制磷蒸气的逸出。实验中小球之间、小球与网桶之间黏结严重的现象证明了我们分析的正确性。

B 碱度对气化脱磷率的影响

同一碱度下，不同温度与配碳量的脱磷率变化如图 7-2 所示。

由图 7-2 可知，碱度为 2.0 时，随温度的升高，只有配碳量为 5% 的脱磷率呈现下降趋势，其他配碳量的脱磷率均呈上升趋势，并在 1320℃ 时开始下降，原因是在 20min 保温时间内，随温度的升高，配碳量较少时后续还原反应将会减缓或停止，从而使得脱磷率下降。显然，该碱度下，配碳量为 5% 和 10% 时脱磷率的降低是配碳不足所致；而配碳充足（15%、20%）时，温度达到 1320℃ 时，配碳越多导致生成的液相量越多，抑制磷蒸气的能力越强，相应脱磷率下降幅度越大。

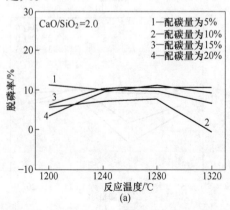
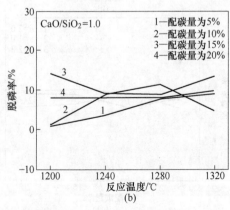

(a)   (b)

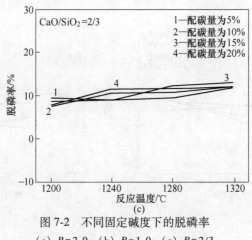

图 7-2 不同固定碱度下的脱磷率

(a) $R=2.0$; (b) $R=1.0$; (c) $R=2/3$

碱度为 1.0 时，排除检测误差外（实际生产中的脱磷率约为 5%，所以认为脱磷率小于 5% 时为检测误差），配碳不足时的脱磷率基本延续了碱度为 2.0 时的变化规律，而配碳充足时的脱磷率在 1320℃ 时转为上升，原因是随碱度下降，CaO 含量降低，使得液相量减少。而此时配碳较多，产生的液相量依然较多，故配碳量为 20% 的脱磷率上升幅度较小。

碱度下降到 2/3 时，CaO 含量继续下降，这样就使得液相量生成更少，用于发热的炭量减少，而用于还原的炭量增多，随温度的升高，各脱磷率均持续上升。

C 配碳量对气化脱磷率的影响

同一配碳量下，不同碱度与温度的脱磷率变化如图 7-3 所示。

由图 7-3 可知，配碳量为 5% 时，排除检测误差后，随碱度的升高，各温度下的脱磷率呈现小幅波动趋势。而温度越高，反应速度越快，碳消耗的时间越短，脱磷率也就相应地由小幅上升转为小幅下降。同样原因，其他配碳量下的脱磷率变化规律相似。有一点不可否认的是，碱度为 1.0 时的脱磷率均较低，原因是碱度为 1.0 时，生成的 $CaSiO_2$ 较多，而 $CaSiO_2$ 又是脱磷反应的产物，因此 $CaSiO_2$ 增多抑制了脱磷反应的进行，致使脱磷率下降。

综上所述，实验最佳脱磷率为 13.29%，此时高磷铁矿粒度为 -0.045mm 占 91.71%、焦粉粒度为 -0.074mm 占 70.4%、碱度为 1.0、配碳量为 15%、温度 1320℃、小球粒度为 4~8mm 的大于 80%。

7.1.3 小球烧结气化脱磷机理研究

通过实验得到的规律，我们选择温度为 1280~1320℃、配碳量为 5%~15%、不同碱度条件下，从磷矿物的存在形式入手，分析磷在小球烧结中的转化机理。

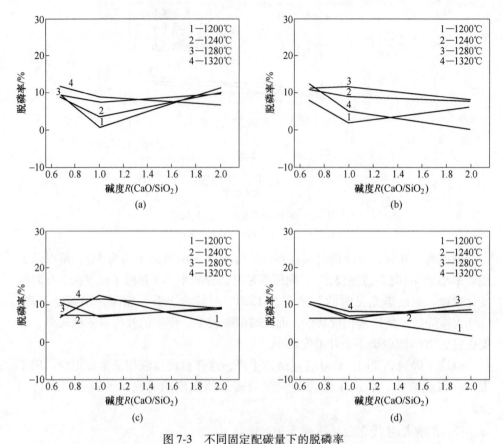

图 7-3 不同固定配碳量下的脱磷率

（a）配碳量为 5%；（b）配碳量为 10%；（c）配碳量为 15%；（d）配碳量为 20%

7.1.3.1 碱度 R>1 时磷的赋存状态

如图 7-4 所示，发现 Fe_3O_4、FeO 的数量比烧结杯结果中的要明显增多，而且出现了 Fe 相和 CaF_2 相，相应地，$Ca_3(PO_4)_2$ 的数量也增加了，原因是随配碳量的增加，用于还原的炭相应增多，使得还原效果有显著的提升。

对比图 7-4 中（a）、（b）可知，在配碳量同为 15% 时，随温度升高，Fe_3O_4、FeO、Fe、硅酸盐和氟化物的波峰增强，Ca_2SiO_4 的数量增加。这说明配碳充足时，温度越高，物料中的反应速度越快，反应效果越好。但在实验中观察，1320℃、配碳量为 15% 时，烧结球中液相较多，说明配碳稍高。

对比图 7-4 中（b）、（c）知：在 1320℃ 下，配碳量降到 10%，Fe 相峰值降低，而其他物相的峰值变化不大，有的甚至有所升高。这是由于配碳量降低使得液相量相应减少，小球内透气性增加，生成的还原性气体在逸出过程中对铁矿物进一步还原所致。

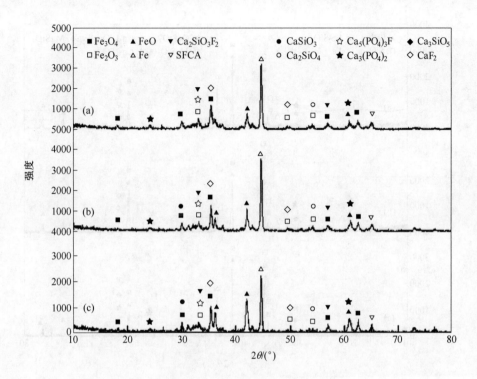

图 7-4　R>1 时烧结球 XRD 图

（a）15%C，1280℃；（b）15%C，1320℃；（c）10%C，1320℃

　　由于小球的配料和碱度与前面烧结矿相近，通过对磷矿物存在形式的分析，得知两种高碱度烧结矿中磷矿物的转化机理类似，在此不作详述。至于 Fe 相和 CaF_2 相的出现、$Ca_3(PO_4)_2$ 数量的增多等，是因为配碳增加，能够还原较多的磷矿物，生成物也就增多；还原产物 CaF_2 熔点很高且溶解于其他矿物的量有限，于是便出现了单独的 CaF_2 相；由于 CaO 含量较高，其与部分 P_2O_5 再次发生反应生成 $Ca_3(PO_4)_2$，使得 $Ca_3(PO_4)_2$ 总量增加。

7.1.3.2　碱度 R<1 时磷的赋存状态

　　如图 7-5 所示，高硅钙比烧结球中，主要铁物相为 FeO、Fe 和 Fe_2SiO_4；黏结相主要为 Fe_2SiO_4，还有少量的 $CaSiO_3$；磷矿物有 $Ca_3(PO_4)_2$ 和极少量的 $Ca_5(PO_4)_3F$；此外还有 $MgSiO_3$、Al_2SiO_5 和残留的 SiO_2 等矿物。

　　对比图 7-5 中（a）、（b）可知，在 1320℃下，降低配碳量，Fe 物相、Fe_2SiO_4 与 SiO_2 物相、中间的 FeO 与 Fe_2SiO_4 物相峰值有明显下降，$Ca_3(PO_4)_2$ 与 $CaSiO_3$ 的峰值也有所降低。说明碳含量的减少使物料内反应速度变慢，生成热量减少，液相量下降，而用于还原磷矿物的碳相应减少，还原产物随之减少。

　　对比图 7-5 中（a）、（c）发现，配碳量为 10%时，温度下降到 1280℃，除

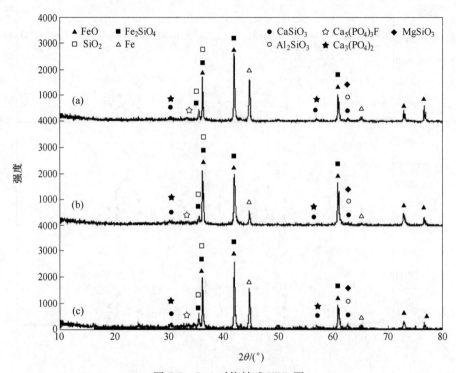

图 7-5 $R<1$ 时烧结球 XRD 图

（a）10%C，1320℃；（b）5%C，1320℃；（c）10%C，1280℃

最右边 FeO 物相的峰值稍有下降外，其他物相的峰值基本没有变化，但相应的脱磷率较低。说明用碳作为还原剂脱磷时，其配碳量要比普通烧结高。

7.1.3.3 磷在小球烧结中的转化机理

通过以上分析，我们认为烧结中磷矿物的转化机理为：

$$2Ca_5(PO_4)_3F + SiO_2 \rightleftharpoons 3Ca_3(PO_4)_2 + CaF_2 \cdot SiO_2 \tag{7-1}$$

$$Ca_3(PO_4)_2 + 5C \rightleftharpoons 3CaO + 5CO + P_2 \tag{7-2}$$

$$CaO + SiO_2 \rightleftharpoons CaSiO_3 \tag{7-3}$$

$$2P_2 + 5O_2 \rightleftharpoons 2P_2O_5 \tag{7-4}$$

总反应可归纳为：

$$4Ca_5(PO_4)_3F + 30C + 20SiO_2 + 15O_2 \rightleftharpoons 18CaSiO_3 + 2(CaF_2 \cdot SiO_2) + 30CO + 6P_2O_5 \tag{7-5}$$

当碱度 $R>1$ 时，$CaF_2 \cdot SiO_2$ 与 CaO 再次组成共熔体 $Ca_2SiO_3F_2$：

$$CaF_2 \cdot SiO_2 + CaO \rightleftharpoons Ca_2SiO_3F_2 \tag{7-6}$$

$$P_2O_5 + 3CaO \rightleftharpoons Ca_3(PO_4)_2 \tag{7-7}$$

当碱度 $R<1$ 时，$CaF_2 \cdot SiO_2$ 与 SiO_2 反应生成 SiF_4：

$$2CaF_2 \cdot SiO_2 + 2SiO_2 \Longrightarrow 2CaSiO_3 + SiF_4 \tag{7-8}$$

其中以气体形式逸出的有：CO、P_2、P_2O_5、SiF_4。

7.2 含碳球团气化脱磷研究

7.2.1 原料条件

试验所用造球原料为高磷赤铁矿、磁铁矿、煤粉及膨润土，其化学成分见表7-5，粒度组成见表7-6，膨润土性能指标见表7-7。

表 7-5 造球用矿粉的化学成分 （％）

物料名称	TFe	SiO_2	CaO	MgO	Al_2O_3	C	P
高磷赤铁矿	53.96	9.60	4.88	1.10	11.06		1.37
66 粉	64.7	4.54	0.93	0.7	0.95		0.06
煤粉						80	

表 7-6 造球用精粉的粒度组成 （％）

物 料 名 称	−200 目
高磷赤铁矿	56.6
66 粉	84.3
膨润土	92.0
煤粉	89.5

表 7-7 造球用膨润土的性能指标

水分/%	蒙脱石含量/%	胶质价/mL·(15g)$^{-1}$	膨胀倍数/mL·g^{-1}
11.08	62.69	53.00	9.00

7.2.2 含碳球团脱磷实验

7.2.2.1 实验方案

固定高磷赤铁矿和66粉配比分别为20%、80%，通过添加膨润土进行造球试验，然后通过管式炉对其在1240℃、1260℃进行焙烧，研究配碳量对含碳球团气化脱磷率的影响，实验方案见表7-8。

表 7-8 配碳量对含碳球团气化脱磷率影响的实验方案

样品编号	高磷赤铁矿/%	66 粉/%	膨润土/%	配碳量/%
1	20	80	1	1
2	20	80	1	2
3	20	80	1	3

　　固定配碳量为 3%，改变高磷赤铁矿配比为 20%、40%、60%，然后添加膨润土进行造球试验，并通过管式炉对其在 1240℃、1260℃进行焙烧，研究高磷赤铁矿配比对含碳球团气化脱磷率的影响，实验方案见表 7-9。

表 7-9　高磷矿配比对含碳球团气化脱磷率影响的实验方案

样品编号	高磷赤铁矿/%	66 粉/%	膨润土/%	配碳量/%
I	20	80	1	3
II	40	60	1	3
III	60	40	1	3

7.2.2.2　实验结果与分析

A　实验结果

　　配碳量及高磷矿配比对含碳球团气化脱磷率影响的造球实验结果见表 7-10~表 7-15。

表 7-10　配碳量对生球的粒度组成的影响　　　　　（%）

样品编号	<10mm	10~12.5mm	12.5~16mm	>16mm
1	61.5	42.7	14.5	4.3
2	72.7	50.0	15.7	7.0
3	68.5	48.8	14.0	5.7

表 7-11　配碳量对生球水分、生球强度的影响

样品编号	抗压强度/N·个$^{-1}$	落下强度/N·个$^{-1}$	水分/%
1	5.9	4.3	9.9
2	7.6	7.0	10.4
3	8.4	8.1	10.6

表 7-12　配碳量对含碳球团气化脱磷率的影响

样品编号	气化脱磷率（1240℃）/%	气化脱磷率（1260℃）/%
1	4.5	6.0
2	8.9	10.8
3	11.6	12.9

注：1 号、2 号、3 号分别代表配碳量为 1%、2%、3%的样品。

表 7-13　高磷矿配比对生球的粒度组成的影响　　　　　（%）

样品编号	<10mm	10~12.5 mm	12.5~16 mm	>16 mm
I	39.1	38.6	17	5.3
II	52.8	33.0	12.6	1.5
III	74.3	21.0	3.9	0.8

表 7-14　高磷矿配比对生球水分、生球强度的影响

样品编号	抗压强度/N·个⁻¹	落下强度/次·个⁻¹	水分 /%
Ⅰ	8. 4	8. 1	10. 6
Ⅱ	6. 8	5. 6	10. 7
Ⅲ	6. 9	6. 5	10. 8

表 7-15　高磷矿配比对含碳球团气化脱磷率的影响

样品编号	气化脱磷率（1240℃）/%	气化脱磷率（1260℃）/%
Ⅰ	11. 6	12. 9
Ⅱ	12. 5	13. 8
Ⅲ	13. 1	14. 2

注：Ⅰ号、Ⅱ号、Ⅲ号分别表示高磷矿配比为20%、40%、60%的样品。

B　配碳量对生球质量及气化脱磷率的影响规律

a　配碳量对生球质量的影响规律

为了研究配碳量对高磷球团生球质量的影响规律，根据表 7-14 的数据作图，得到图 7-6。

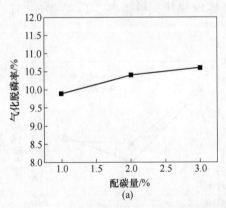
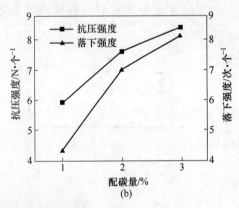

图 7-6　配碳量对生球质量的影响

（a）配碳量对含碳球团适宜水分的影响；（b）配碳量对含碳球团生球强度的影响

随着高磷矿配比的增加，含碳球团造球过程中所需的适宜水分变化趋势逐渐升高，而生球强度也是逐渐提高。这主要是因为煤粉粒度较细，改善了混合粉的粒度组成，同时也增强了粗颗粒之间的孔隙，进而提高了毛细力，改善了生球强度。

b　配碳量对气化脱磷率的影响规律

为了研究配碳量对高磷矿含碳球团气化脱磷率的影响规律，对球团矿进行了缩分取样以化验磷含量。烧结矿化验结果及气化脱磷率见表 7-15，根据表 7-15

作图，得到图7-7。

随着配碳量的增加，高磷矿含碳球团的气化脱磷率变化趋势为逐渐增加，这是因为煤的燃烧为气化脱磷反应提供热量的同时，还使其处于还原气氛条件下，配碳量越高，CO活度越高，还原能力越强。此外，配碳量提高，将会增加含碳球团的气孔率，促使含磷气体进入大气，进而提高了气化脱磷率。

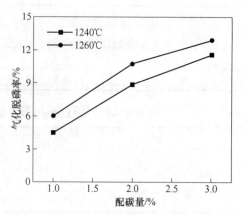

图7-7　配碳量对含碳球团气化脱磷率的影响

另外，温度越高，高磷矿含碳球团的气化脱磷率越高，根据高磷赤铁矿气化脱磷反应的反应热力学，还原磷灰石的反应为强吸热反应，因此，温度提高有利于气化脱磷率的改善。

C　高磷矿配比对生球质量及气化脱磷率的影响规律

a　高磷矿配比对生球质量的影响规律

为了研究磷含量对高磷球团的生球质量影响规律，根据表7-14数据作图，得到图7-8。

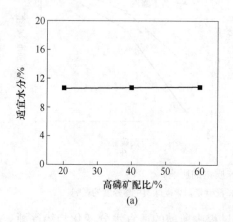

(a)

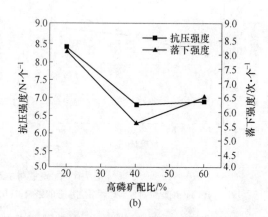

(b)

图7-8　高磷矿配比对生球质量的影响

(a) 高磷矿对含碳球团适宜水分的影响；(b) 高磷矿对含碳球团生球强度的影响

随着高磷矿配比的增加，含碳球团造球过程中所需的适宜水分变化趋势不明显，但生球强度先降低后增加。这主要是由于高磷矿粒度较粗，导致颗粒之间的毛细力降低，进而使生球强度降低，但进一步提高高磷矿配比后，生球强度反而改善，可能是因为66粉孔径较大，降低66粉的配比，使生球强度整体上升。

b　高磷矿配比对气化脱磷率的影响规律

为了研究高磷矿配比对高磷矿含碳球团气化脱磷率的影响规律，对球团矿进行了缩分取样以化验磷含量。烧结矿化验结果及气化脱磷率见表 7-15，通过表 7-15 作图，得到图 7-9。

高磷矿含碳球团磷含量越高，气化脱磷率越高，但高磷矿配矿超过 40% 后，气化脱磷率变化较平缓。主要是因为磷含量提高有助于提高磷酸钙的活性，使气化脱磷反应向生成含磷气体的方向移动，从而提高了气化脱磷率。

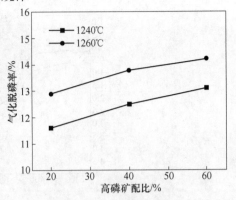

图 7-9　高磷矿配比对含碳球团气化脱磷率的影响

7.2.3　高磷矿含碳球团气化脱磷动力学研究

7.2.3.1　求算活化能

Ozawa 方法是对方程 $\Delta \lg(d\alpha/dT) = -E\Delta(1/T)/2.303R + n[\Delta\lg(1-\alpha)]$ 等式两边同时积分，得：

$$\int_0^\alpha d\alpha/f(\alpha) = A/\beta \int_{T_0}^T e^{-E/RTdT}$$

考虑到开始反应时，温度 T_0 较低，反应速率可忽略不计。

联立式 $G(\alpha) = A/\beta \int_0^T e^{-E/RTdT} = AE/\beta R \int_\infty^u - e^{-u/u^2} du = P(u) AE/\beta R$ 和 $\lg PD(u) = -2.315 - 0.4567E/RT$，得：

$$\lg\beta = \lg(AE/RG(\alpha)) - 2.305 - 0.4567E/RT$$

方程中的 E 可用以下两种方法求得：

（1）由于在不同 β 值下，各峰顶温度处的 β 值也近似相等，因此 $\lg(AE/RG(\alpha))$ 值都是相等的，因此可以用 $\lg\beta$ 对 $1/T$ 成线性来确定 E 的值。

（2）由于在不同 β 值下，选择相同 α，则 $\lg(AE/RG(\alpha))$ 是恒定值，因此可以用 $\lg\beta$ 对 $1/T$ 成线性来确定 E 的值。

Ozawa 法避开了反应机理函数的选择而直接求出 E 值。与其他方法相比，它避免了因反应机理函数的假设而可能带来的误差，因此往往被其他的学者用来检验由他们假设反应机理函数的方法求出的活化能，这是 Ozawa 法的一个突出优点。

7.2.3.2　差热实验结果数据处理

根据含碳球团分别在不同的升温速率（15℃/min、20℃/min、25℃/min）下还原时的热重（TG）随温度的变化，绘制图 7-10~图 7-12。

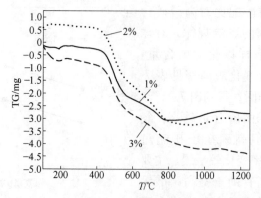

图 7-10   以 15℃/min 升温时，不同含碳量的含碳球团的热重变化

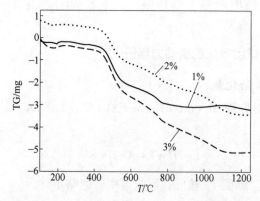

图 7-11   以 20℃/min 升温时，不同含碳量的含碳球团的热重变化

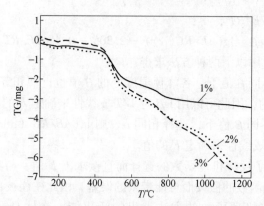

图 7-12   以 25℃/min 升温时，不同含碳量的含碳球团的热重变化

因为球团中的磷元素被脱除是在 1200℃以后，所以根据 Ozawa 法，利用含碳球团在 1200℃后的热重变化可以求算出脱磷的反应活化能 E_a。

由于含碳量为3%的含碳球团的热重曲线变化较为明显，所以选取含碳3%的含碳球团曲线，研究其1200℃以后的失重情况，求算脱磷反应的活化能 E_a。计算结果见表7-16。

表7-16 脱磷反应的活化能 E_a

转 化 率	E_a（Ozawa法）/kJ·mol^{-1}
0.2	219.689
0.3	161.507
0.4	184.130
0.5	285.610
0.6	489.761
0.7	540.410
0.8	558.293
0.9	381.870
平均值	352.659

由表7-16可以看出，脱磷反应的活化能大概在 160～560kJ/mol 之间变化，活化能高于 400kJ/mol 时脱磷反应进行地比较困难。故含碳球团脱磷效果不佳，应该寻找更合适的脱磷剂。

7.3 微波烧结气化脱磷研究

微波烧结高效环保[4,5]，符合节能减排政策。采用微波形式进行烧结，具有快速升温、节约时间成本、提高焙烧效率等优点。采用微波马弗炉研究了微波烧结气化脱磷过程中配碳量、SiO_2、$CaCl_2$ 及工艺参数（碱度、温度、煤粉粒度、加热速率、保温时间）对高磷赤铁矿气化脱磷的影响规律，确定适宜配碳量及 SiO_2、$CaCl_2$ 的含量，优化工艺参数。

7.3.1 煤种及配碳量对微波烧结气化脱磷率的影响

7.3.1.1 实验方案

烟煤、无烟煤以及焦粉工业分析见表7-17。

表7-17 含碳原料的工业分析

煤种	灰分/%	挥发分/%	固定碳/%	水分/%	硫含量/%
烟煤	10.36	10.02	76.48	3.14	0.42
无烟煤	12.16	5.33	79.59	2.92	0.27
焦粉	14.80	1.62	83.21	0.37	0.73

高磷铁矿配加烟煤、无烟煤以及焦粉，采用微波加热方式使物料由室温加热到 1250℃，保温 20min。研究不同配碳量（3%、4%、6%、8%）对气化脱磷率的影响，实验方案见表 7-18。

表 7-18　含碳原料及配碳量对气化脱磷影响的实验方案

燃料 1	编号	配碳量/%	燃料 2	编号	配碳量/%	燃料 3	编号	配碳量/%
烟煤	1	3	无烟煤	5	3	焦粉	9	3
	2	4		6	4		10	4
	3	6		7	6		11	6
	4	8		8	8		12	8

7.3.1.2　实验结果及分析

随着配碳量增高，通过碳还原反应的气化脱磷率也随之增高，但是当配碳量达到 8% 时，脱磷率呈降低趋势，此时碳含量过高，磷化物可能被过度还原生成 FeP，该反应的热力学反应式[6] 及反应的开始反应温度见式（3-3）。含碳原料及配碳量对微波烧结气化脱磷率的影响，如图 7-13 所示。

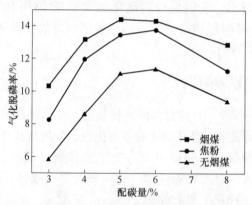

图 7-13　含碳原料及配碳量对微波烧结气化脱磷率的影响

从图 7-13 可以看出，配加 5% 烟煤时的气化脱磷效果最佳，可能是因为煤热解可产生具有还原性的 H_2S 气体，与氟磷灰石发生反应[7]，烟煤的挥发分在三者中最高，烧结过程中可带出部分磷蒸气或气态的磷化合物，提高气化脱磷率。最终选定配加 5% 的烟煤继续以下脱磷试验。

7.3.2　SiO_2 对微波烧结气化脱磷率的影响

7.3.2.1　实验方案

高磷铁矿中配加烟煤使其配碳量为 5%，采用微波加热方式使物料由室温加热到 1250℃，保温 20min，分别加入 0.25%、0.5%、0.75%、1.0%、1.25%、

1.5%的 SiO_2，研究 SiO_2 在微波烧结过程中对气化脱磷率的影响，实验方案见表7-19。

表 7-19 SiO_2 加入量对微波烧结气化脱磷影响的实验方案

编 号	烟煤配碳量/%	SiO_2 加入量/%	温度/℃	保温时间/min
13	5	0.25	1250	20
14	5	0.5	1250	20
15	5	0.75	1250	20
16	5	1.0	1250	20
17	5	1.25	1250	20
18	5	1.5	1250	20

7.3.2.2 实验结果及分析

SiO_2 加入量对微波烧结气化脱磷的影响如图 7-14 所示。

由图 7-14 看出，适量加入 SiO_2 能提高气化脱磷率，超过 0.75%时，脱磷率开始降低。相比较于普通烧结脱磷实验，SiO_2 的加入量有所降低，这是因为高磷铁矿中含有 8%左右的 SiO_2 存在于鲕粒中，微波对物料的选择性加热，使物料颗粒本身产生热应力，从而破坏颗粒原有结构，使鲕粒内产生大量裂缝，甚至

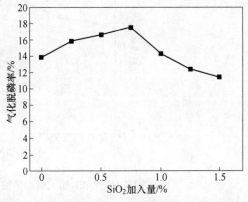

图 7-14 SiO_2 加入量对微波烧结气化脱磷的影响

使鲕粒呈片层状碎裂[8]，将部分 SiO_2 裂解出来并加入到脱磷反应中。硅酸盐体系中加入较多的 SiO_2，会与碱性物质生成较多的低熔点液相，堵塞部分气孔，而且微波焙烧方式可使烧结矿致密度明显提高[9]，含磷气体不易排除，进而导致脱磷率明显降低。

7.3.3 $CaCl_2$ 对微波烧结气化脱磷率的影响

7.3.3.1 实验方案

高磷铁矿中配加烟煤使其配碳量为 5%，SiO_2 加入量为 0.75%，采用微波加热方式使物料由室温加热到 1250℃，保温 20min，分别加入 1.0%、1.25%、1.5%、1.75%、2.0%的 $CaCl_2$。研究 $CaCl_2$ 在微波烧结过程中对气化脱磷率的影响，实验方案见表7-20。

表 7-20 CaCl₂ 加入量对微波烧结气化脱磷影响的实验方案

编号	烟煤配碳量/%	SiO₂加入量/%	CaCl₂加入量/%	温度/℃	保温时间/min
19	5	0.75	1.0	1250	20
20	5	0.75	1.25	1250	20
21	5	0.75	1.5	1250	20
22	5	0.75	1.75	1250	20
23	5	0.75	2.0	1250	20

7.3.3.2 实验结果及分析

$CaCl_2$ 加入量对微波烧结气化脱磷的影响如图 7-15 所示。

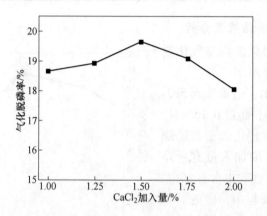

图 7-15 CaCl₂加入量对微波烧结气化脱磷的影响

由图 7-15 看出,适量加入 $CaCl_2$ 有助于提高气化脱磷率,$CaCl_2$ 与煤热解产生的 SO_2 气体反应生成 Cl_2,使脱磷产物由 P_4 生成稳定的 PCl_3 气体,缓解磷蒸气被氧化并且重新与碱金属反应而滞留在烧结矿中的局面。但是过量加入 $CaCl_2$,则 $CaCl_2$ 中的 Cl^- 会与反应过程中生成的 $Ca_3(PO_4)_2$ 反应生成 $Ca_5(PO_4)_3Cl$,抑制脱磷反应的进行,导致气化脱磷率降低[10]。

7.3.4 碱度对微波烧结气化脱磷率的影响

7.3.4.1 实验方案

高磷铁矿中配加烟煤使其配碳量为 5%,SiO_2 加入量为 0.75%,$CaCl_2$ 加入量为 1.5%,采用微波加热方式使物料由室温加热到 1250℃,保温 20min。通过加入 CaO 试剂改变物料碱度分别为 1.0、1.2、1.4、1.6、1.8、2.0,实验方案见表 7-21。

表 7-21　碱度对微波烧结气化脱磷影响的实验方案

编号	烟煤配碳量/%	SiO₂加入量/%	CaCl₂加入量/%	碱度	温度/℃	保温时间/min
24	5	0.75	1.5	1.0	1250	20
25	5	0.75	1.5	1.2	1250	20
26	5	0.75	1.5	1.4	1250	20
27	5	0.75	1.5	1.6	1250	20
28	5	0.75	1.5	1.8	1250	20
29	5	0.75	1.5	2.0	1250	20

7.3.4.2　实验结果及分析

碱度对微波烧结气化脱磷的影响如图 7-16 所示。

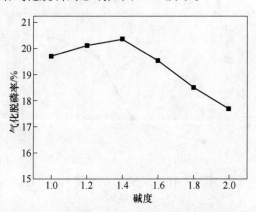

图 7-16　碱度对微波烧结气化脱磷的影响

从图 7-16 可以看出，碱度为 1.4 时气化脱磷效果最优。加入 CaO 提高碱度，使酸性烧结矿孔隙度得以改善，气化脱磷率有所提高。但是随着碱度的继续提高，过量 CaO 加入到物料中，会过多消耗 SiO₂生成硅酸钙，影响脱磷反应的正向进行。而且料层中过多的碱性氧化物会与磷蒸气反应又重新生成磷酸盐，降低气化脱磷率。所以 CaO 加入量必须要适宜。

7.3.5　温度对微波烧结气化脱磷率的影响

7.3.5.1　实验方案

高磷铁矿中配加烟煤使其配碳量为 5%，SiO₂加入量为 0.75%，CaCl₂加入量为 1.5%，采用微波加热方式使物料温度由室温分别升至 1100℃、1150℃、1200℃、1250℃、1300℃、1350℃六个温度水平，并保温 20min。研究温度对微波烧结气化脱磷率的影响，实验方案见表 7-22。

表 7-22 温度对微波烧结气化脱磷影响的实验方案

编号	烟煤配碳量/%	SiO₂加入量/%	CaCl₂加入量/%	碱度	温度/℃	保温时间/min
30	5	0.75	1.5	1.4	1100	20
31	5	0.75	1.5	1.4	1150	20
32	5	0.75	1.5	1.4	1200	20
33	5	0.75	1.5	1.4	1250	20
34	5	0.75	1.5	1.4	1300	20
35	5	0.75	1.5	1.4	1350	20

7.3.5.2 实验结果及分析

温度对微波烧结气化脱磷的影响如图 7-17 所示。

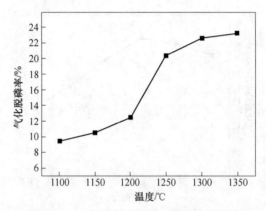

图 7-17 温度对微波烧结气化脱磷的影响

从图 7-17 可以看出，随着体系温度的升高，高磷赤铁矿的气化脱磷率明显增加，这是因为氟磷灰石的还原脱磷反应为强吸热反应，温度升高有利于脱磷反应正向进行。但随着温度继续升高，气化脱磷率增加开始变得缓慢，这是因为微波烧结矿比普通烧结矿更为致密，高温时产生更多的液相量，堵塞部分气孔，而且过高的温度对烧结矿冶金性能也有所影响。所以实验最终温度选定以 1250℃ 为主。

7.3.6 烟煤粒度对微波烧结气化脱磷率的影响

7.3.6.1 实验方案

高磷铁矿中配加烟煤使其配碳量为 5%，SiO₂加入量为 0.75%，CaCl₂加入量为 1.5%，采用微波加热方式使物料由室温加热到 1250℃，保温 20min，碱度为 1.4。通过筛选烟煤改变配碳粒度，选定四个粒度等级探究烟煤粒度对气化脱磷率的影响，实验方案见表 7-23。

表 7-23　烟煤粒度对微波烧结气化脱磷影响的实验方案

编号	烟煤配碳量/%	烟煤粒度/mm	SiO$_2$加入量/%	CaCl$_2$加入量/%	碱度	温度/℃	保温时间/min
36	5	<0.125	0.75	1.5	1.4	1250	20
37	5	0.125~0.15	0.75	1.5	1.4	1250	20
38	5	0.15~0.5	0.75	1.5	1.4	1250	20
39	5	0.5~0.63	0.75	1.5	1.4	1250	20

7.3.6.2　实验结果及分析

烟煤粒度对微波烧结气化脱磷的影响如图 7-18 所示。

由图 7-18 可以看出，随着烟煤粒度的增大，微波烧结气化脱磷效果逐渐增强。粗粒度的烟煤使物料局部还原性剧烈增强，还原出更多的含磷气体；在特定的烧结条件下，粗粒度的烟煤会使烧结矿产生较大的孔隙，增大含磷气体的外排量。但气孔率过高势必会影响烧结矿强度，考虑到对烧结矿质量的影响，所以煤粉粒度也要适宜。

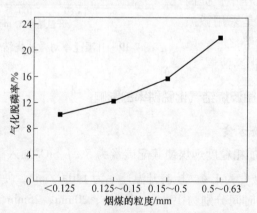

图 7-18　烟煤粒度对微波烧结气化脱磷的影响

7.3.7　升温速率对微波烧结气化脱磷率的影响

7.3.7.1　实验方案

高磷铁矿中配加粗粒度烟煤使其配碳量为 5%，SiO$_2$ 的加入量为 0.75%，CaCl$_2$ 加入量为 1.5%，碱度为 1.4，通过增减微波的发射频率来改变加热过程的升温速率，分别控制为 60℃/min、80℃/min、100℃/min、120℃/min、140℃/min，使物料由室温加热到 1250℃，保温 20min，探究升温速率对气化脱磷率的影响，实验方案见表 7-24。

表 7-24 升温速率对微波烧结气化脱磷影响的实验方案

编号	烟煤配碳量/%	SiO_2加入量/%	$CaCl_2$加入量/%	碱度	温度/℃	升温速率/℃·min^{-1}	保温时间/min
40	5	0.75	1.5	1.4	1250	60	20
41	5	0.75	1.5	1.4	1250	80	20
42	5	0.75	1.5	1.4	1250	100	20
43	5	0.75	1.5	1.4	1250	120	20
44	5	0.75	1.5	1.4	1250	140	20

7.3.7.2 实验结果及分析

升温速率对微波烧结气化脱磷的影响如图 7-19 所示。

由图 7-19 看出，随着升温速率加快，气化脱磷率明显增加。加热过程中煤的消耗减少，从而可有更多的碳作为还原剂参与到脱磷反应过程中，提高气化脱磷率。这也是采用微波形式进行烧结的优势之一，既可节约时间，又可提高效率。

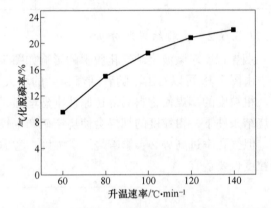

图 7-19 升温速率对微波烧结气化脱磷的影响

7.3.8 保温时间对微波烧结气化脱磷率的影响

7.3.8.1 实验方案

高磷铁矿中配加粗粒度烟煤使其配碳量为 5%，SiO_2 加入量为 0.75%，$CaCl_2$ 加入量为 1.5%，碱度为 1.4，控制升温速率为 140℃/min，使物料由室温快速加热到 1250℃。保温时间分别为 10min、15min、20min、25min、30min，探究保温时间对气化脱磷率的影响，实验方案见表 7-25。

表 7-25 保温时间对微波烧结气化脱磷影响的实验方案

编号	烟煤配碳量/%	SiO_2加入量/%	$CaCl_2$加入量/%	碱度	温度/℃	升温速率/℃·min^{-1}	保温时间/min
45	5	0.75	1.5	1.4	1250	140	10
46	5	0.75	1.5	1.4	1250	140	15
47	5	0.75	1.5	1.4	1250	140	20
48	5	0.75	1.5	1.4	1250	140	25
49	5	0.75	1.5	1.4	1250	140	30

7.3.8.2　实验结果及分析

保温时间对微波烧结气化脱磷的影响如图 7-20 所示。

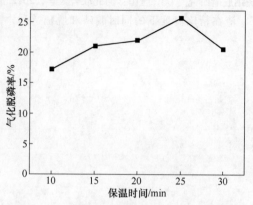

图 7-20　保温时间对微波烧结气化脱磷的影响

由图 7-20 看出，采用微波加热方式对物料进行加热处理，保温时间对气化脱磷率的影响很大，随着保温时间的延长，气化脱磷率呈现先升高后降低的趋势，保温时间在 15~25min 内，气化脱磷率均在相对较优水平，尤其保温 25min 时气化脱磷率达到最大，为 25.71%。保温时间适当地增加，有利于脱磷反应在高温下持续进行。但达到一定时间后，若继续增加保温时间，则物料产生的液相增多，可能堵塞部分气孔，含磷气体不易排出而残留在烧结矿中，导致气化脱磷率不增反降。

参 考 文 献

[1] 崔虹旭，陈庆武，申莹莹，等．转炉钢渣除磷技术研究与现状 [C] // 第十三届（2009年）冶金反应工程学会议论文集．包头，2009：311~315.

[2] 宫下方雄，柳井明，山田健三，等．製鋼溶融スラグの処理方法：日本，特开昭 51-121030 [P]. 1975-04-16.

[3] 薛俊虎．烧结生产技能知识问答 [M].北京：冶金工业出版社，2003.

[4] 罗立群，闫昊天．含铁矿物的微波热处理技术现状 [J].中国矿业，2012，8（21）：104~109.

[5] 艾利群，张彦龙，等．微波加热技术在冶金工业中的应用 [J].冶金能源，2013，6（32）：42~44.

[6] 张玉柱，田铁磊，邢宏伟，等．高磷赤铁矿小型烧结过程中磷的转化分析 [J].烧结球团，2012（4）：4~7.

[7] 刘帆．高磷赤铁矿烧结脱磷机理及脱磷剂研究 [D].唐山：河北联合大学，2014.

[8] 钱功明，张博，等. 微波预处理条件对鄂西鲕状赤铁矿磨矿效率的影响 [J]. 武汉科技大学学报 [J]，2016，1 (39)：1~6.

[9] 田铁磊. 高磷矿烧结脱磷研究 [D]. 唐山：河北联合大学，2012.

[10] 俞景禄. 含 $CaCl_2$ 渣在精炼温度下的同时脱磷和脱硫 [J]. 钢铁，1988，23 (5)：16~20.